Sicheres Bedienen von Teleskopmaschinen

Was Geräteführer und Verantwortliche wissen müssen

von

Bernd Zimmermann, Rechtsanwalt
Inhaber und juristischer Leiter des Institutes für Arbeitssicherheit und Gesundheitsschutz – IAG Mainz

Timo Zimmermann, M. Sc. Maschinenbau
Technischer Leiter des IAG Mainz

mit 164 Bildern, Tabellen und Zeichnungen sowie 15 Übungsfragen zur Prüfungsvorbereitung

RESCH

Impressum:

3. Auflage 2024

Maria-Eich-Straße 77, D-82166 Gräfelfing

Bildnachweis: s. Seite 104
Druck und Bindung: Max Siemen KG, D-22143 Hamburg
Printed in Germany
ISBN 978-3-935197-76-2

Liebe Leserinnen, liebe Leser,

Teleskopmaschinen sind Fahrzeuge mit großem Einsatzpotential – sowohl durch ihre Anbaugeräte als auch ihre Einsatzbereiche, z. B. auf Baustellen, in der Landwirtschaft oder Industrie.

Es gibt sie als Teleskopstapler mit starrem Teleskoparm sowie mit drehbarem Oberwagen. Neben der Verwendung von Anbaugeräten zum Transportieren von Lasten wie Gabelzinken, Lasthaken oder Schaufeln können viele Maschinen auch mit einer Arbeitsbühne zum Heben von Personen ausgestattet werden.

Doch so vielseitig einsetzbar diese Geräte sind, so vielfältig sind auch die Unfallgefahren. Gutes Fachwissen ist unerlässlich, wenn Sie solch multifunktionale Arbeitsmittel sicher bedienen wollen. Deshalb darf auch nur geeignetes und qualifiziertes Personal mit ihnen arbeiten.

> **Denken Sie daran:**
> *Ihre Maschinen haben viel Potential, das wiederum viele Gefahren birgt. Nutzen Sie es – aber nutzen Sie es sicher!*
> *(Die Autoren)*

Sie wollen Teleskopmaschinen sicher bedienen oder Ihre bereits bestehenden Erfahrungen untermauern? Dann haben Sie mit dieser Broschüre das richtige Medium gewählt.

Diese Broschüre soll Ihnen die Gefahren beim Einsatz von Teleskopmaschinen aufzeigen und erklären, wie Sie Unfälle vermeiden. Sie dient Ihnen ebenfalls zur Vorbereitung auf die abzulegende theoretische und praktische Prüfung und entspricht den Forderungen des Ausbildungsgrundsatzes DGUV G 308-009 „Qualifizierung und Beauftragung der Fahrerinnen und Fahrer von geländegängigen Teleskopstaplern".

Hinweis: *Aus Gründen der besseren Lesbarkeit wird in der Broschüre bei personengebundenen Bezeichnungen die männliche Sprachform (z. B. Fahrer) stellvertretend für alle Geschlechter verwendet.*

- Die Autoren -

Inhaltsverzeichnis

Bauarten 6
- Anbaugeräte 7
- Lastaufnahmemittel 9
- Herstellervorgaben 11

Technische Ausstattung 13
- Antrieb 13
- Lenkungsarten 13
- Achskonstruktionen 15
- Seitenverschub / Seitenschieber 16
- Niveauausgleich 16
- Sicherheitseinrichtungen 17

Voraussetzungen zum Bedienen einer Teleskopmaschine 21
- Eignung 21
- Qualifizierung 22
- Fahrauftrag 24
- Jährliche Unterweisungen 25
- Fahrausweis 25

Betriebsvorschriften 26
- Betriebsanleitung 26
- Bestimmungsgemäße Verwendung 26
- Betriebsanweisung 27

Verantwortung und Haftung 28
- Rechtsfolgen 28

Physikalische Grundlagen 29
- Trägheitskraft 29
- Fliehkraft 30
- Reibung 31
- Schwerpunkt 33
- Hebelgesetz 35
- Standsicherheit 36

Tragfähigkeit 38

Vor dem Einsatz 41
- Kleidung / PSA 41
- Tägliche Einsatzprüfung 43

Sicheres Arbeiten mit der Maschine 44
- Gefahrenbereich 44
- Sichtverhältnisse 46
- Bodenbelastung 49
- Arbeiten mit Abstützungen 50
- Arbeiten an Böschungen, Baugruben, Gräben, Bodenöffnungen, Vertiefungen 52
- Arbeiten unter Windeinfluss 53
- Be- und Entladen von Fahrzeugen 56
- Einsatz als Zugmaschine 57

Lastentransport 58
- Mittige Lastaufnahme 58
- Bodennaher Transport 59
- Fahren auf Steigungen und schrägen Ebenen 60
- Betrieb mit Gabelzinken 62

Transport hängender Lasten 64
- Anschlagmittel 65
- Anschlagarten 67
- Gefahren beim Anheben von Lasten 69
- Arbeiten mit Hilfspersonen (Einweiser, Anschläger) 71

Arbeitsbühneneinsatz 74
- Absicherung des Gefahrenbereichs 75

Tragfähigkeit 76

Arbeiten in der Bühne 77

PSA gegen Absturz 78

Einsatz im öffentlichen Verkehrsraum 80

Führerschein 81

Betriebserlaubnis, Zulassung, Ausnahmegenehmigung, Versicherung 83

Verhalten im öffentlichen Straßenverkehr 85

Nach dem Einsatz 86

Abstellen der Maschine 86

Sondereinsätze 89

Arbeiten nahe elektrischer Leitungen 89

Arbeiten in der Nähe von Sendeanlagen 91

Einsatz unter extremen Temperaturen 92

Einsatz in geschlossenen Räumen 93

Abschleppen und Transport der Maschine 94

Instandhaltung und regelmäßige Prüfung.. 96

Instandhaltung 96

Regelmäßige Prüfung 97

Wichtige Vorschriften und Regeln 100

Übungsfragen zur Prüfungsvorbereitung . 101

Lösungen und Auswertung 104

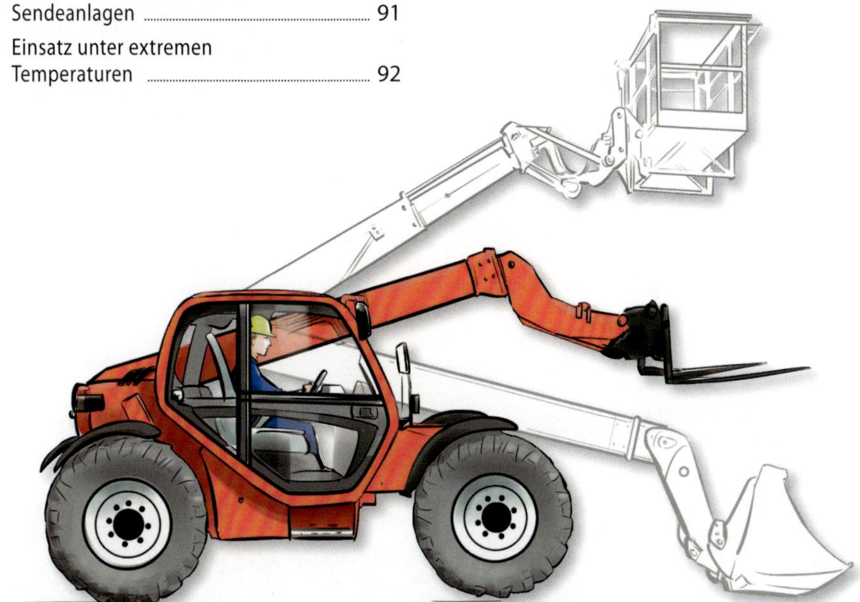

Bauarten

Teleskopmaschinen (häufig auch Teleskopstapler oder Teleskoplader genannt) sind **mobile Arbeitsmittel**, d. h. sie fahren / bewegen sich. Sie sind **kraftbetrieben**, da sie einen Antrieb (Motor) haben und **transportieren Lasten**.

Der Name „Teleskopmaschine" hat seinen Ursprung darin, dass die Last über einen **ausfahrbaren Arm (Teleskoparm)** bewegt werden kann. Dieser ist am Heck der Maschine rechts neben der Fahrerkabine angebracht.

So unterscheiden sich diese Maschinen von klassischen Frontstaplern, bei denen die Last über einen Hubmast direkt vor der Vorderachse aufgenommen wird.

Der große Vorteil einer Teleskopmaschine ist demnach ihre große Reichweite, wodurch auch weit entfernte Lasten aufgenommen werden können.

Gängige technische Daten einer Teleskopmaschine:

- *Tragfähigkeit: Bis zu 25 Tonnen*
- *Reichweite: Bis zu 30 Meter*
- *Antrieb: Verbrennungs- oder Elektromotor*

„Klassischer" Frontstapler mit Hubmast und Gabelzinken

Die Last hier aufzunehmen oder abzustapeln wäre mit einem Frontstapler mit Hubmast nicht möglich.

Teleskopmaschine mit starrem Teleskoparm

Teleskopmaschine mit drehbarem Oberwagen

Je nach Bauart gibt es die Maschinen mit **starrem Teleskoparm** (nach DIN EN 1459-1) oder mit **drehbarem Oberwagen** (nach DIN EN 1459-2). Letztere können wie ein Autokran arbeiten und werden auch „schwenkbare Stapler mit veränderlicher Reichweite" genannt.

Schwenkbar bedeutet, dass der Teleskoparm mehr als 5° nach links oder rechts gedreht werden kann (bezogen auf die **Längsachsmitte** des Fahrzeuges).

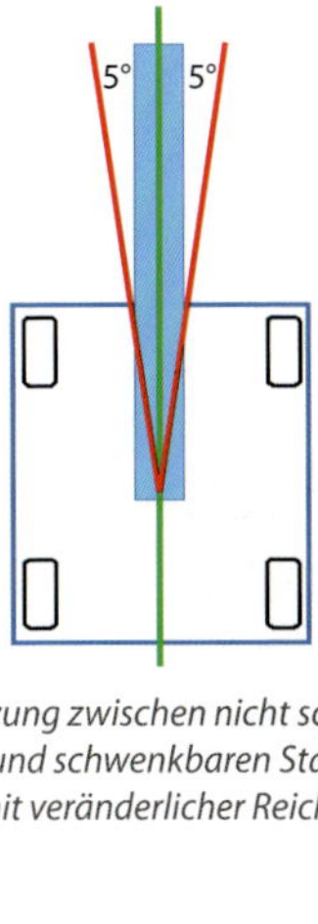

Abgrenzung zwischen nicht schwenkbaren und schwenkbaren Staplern mit veränderlicher Reichweite.

Anmerkung:
Teleskopstapler zum Containerhandling, auch Reach-Stacker genannt, werden in dieser Broschüre nicht behandelt, da diese anders gebaut sind und in den Ausbildungsbereich der Flurförderzeuge fallen (s. DGUV G 308-001).

Gerade in der Landwirtschaft kommen Teleskopmaschinen auch als Schlepper bzw. **Zugmaschinen** zum Einsatz (→ Seite 57).

Anbaugeräte

Ob starrer oder drehbarer Teleskoparm, beide Bauarten können mit zahlreichen Anbaugeräten kombiniert werden.

Unter Anbaugeräten versteht man **Zusatzeinrichtungen, die den Einsatzbereich der Maschine erweitern**.

Die gängigsten Anbaugeräte für Teleskopmaschinen sind:

- Gabelzinken
- Schaufel
- Lasthaken mit oder ohne Seilwinde
- Arbeitsbühne

Dadurch haben diese Geräte einen weiten Einsatzbereich und können je nach Rüstzustand ähnlich wie Stapler, Krane, Erdbaumaschinen oder Hubarbeitsbühnen eingesetzt werden.

Anbaugeräte können meist durch eine **Schnellwechseleinrichtung** oder -kupplung montiert werden. Dies ist eine Einrichtung am Ende des Teleskoparms, die das Auswechseln und Verriegeln des Anbaugerätes ermöglicht, ohne dass zusätzliches Werkzeug erforderlich ist.

Manche Anbaugeräte können direkt am Fahrzeug mittransportiert werden (z. B. eine Schaufel oder eine Winde). Dafür sind am Fahrzeug spezielle Haltevorrichtungen angebracht. Diese gilt es

Verschiedene Anbaugeräte einer Teleskopmaschine

Diese Schaufeln haben bereits im Leerzustand ein erhebliches Eigengewicht.

zu kennen, damit die Geräte richtig montiert und später wieder demontiert werden können.

Folgende Grundsätze sind beim Einsatz von Anbaugeräten zu beachten:

- Halten Sie sich immer an die **Betriebsanleitung** des Anbaugerätes und der Grundmaschine.
- Setzen Sie nur Anbaugeräte ein, wenn Sie dafür **unterwiesen** sind (→ Seite 22 f.). Insbesondere die Tragfähigkeit, die sich je nach Anbaugerät ändert, müssen Sie vor dem ersten Einsatz kennen, denn
- Anbaugeräte verringern die **Tragfähigkeit** – allein schon durch ihr Eigengewicht (Resttragfähigkeit → Seite 39).
- Passt das Anbaugerät zur Grundmaschine?
- Anschluss des Anbaugerätes nur auf **ebenem und tragfähigem Untergrund** vornehmen.
- Auf ordnungsgemäßen **Anschluss** achten und den Sitz der Geräte vor der eigentlichen Arbeitsaufnahme kontrollieren.
- Der Bediener muss neben der Grundmaschine auch Anbaugeräte vor Arbeitsbeginn kontrollieren (→ Seite 43).
- Auch Anbaugeräte müssen regelmäßig / jährlich geprüft werden (→ Seite 97 f.).
- Nach dem Abbau auf eine **ordnungsgemäße Lagerung** der Anbaugeräte achten. Sie dürfen nicht als Hindernisse vor Notausgängen oder auf Verkehrswegen abgestellt werden. Ggf. sind sie gegen Umfallen zu sichern, z. B. mit Gestellen. Der Abstellplatz sollte vorgegeben und bekannt sein, damit das Anbaugerät für den Wiedereinsatz schnell gefunden werden kann.

Lastaufnahmemittel

Lastaufnahmemittel gehören – neben den Trag- und Anschlagmitteln – zu den Lastaufnahmeeinrichtungen.

Man versteht darunter **nicht zur Teleskopmaschine gehörende Einrichtun-**

gen, die zum Aufnehmen der Last dienen (s. DGUV R 109-017).

Bei Teleskopmaschinen wird das Lastaufnahmemittel gewechselt, indem ein anderes Anbaugerät verwendet wird.

Lastaufnahmemittel lassen sich in formschlüssig und kraftschlüssig unterscheiden.

Formschlüssig bedeutet, dass das Lastaufnahmemittel die Last alleine durch seine Form hält. Dies ist der Fall bei Gabelzinken, Schaufel oder Lasthaken.

Kraftschlüssig ist ein Lastaufnahmemittel, wenn eine zusätzliche Kraft wirken muss, damit die Last gehalten wird.

Formschlüssiger Lastentransport mit Großraumschaufel

Teleskopmaschine mit kraftschlüssigem Lastaufnahmemittel Klammer

Dies kann eine Saug-, Reib- oder Magnetkraft sein (z. B. bei Lasthebemagneten, Vakuumhebern oder Zangen).

Kraftschlüssige Lastaufnahmemittel sind gefährlicher als formschlüssige, da die zusätzliche Kraft nachlassen oder ausfallen und so die Last abstürzen kann.

Deshalb hat der Arbeitgeber / Unternehmer dafür zu sorgen, dass Lasten **nicht mit kraftschlüssig wirkenden Lastaufnahmemitteln über ungeschützte Beschäftigte** geführt werden (BetrSichV Anhang 1 Punkt 2.5).

In bestimmten Bereichen, z. B. auf Baustellen, kann ein Hinwegführen über Personen aber nicht immer vermieden werden.

Ist ein solches Manöver nicht zu vermeiden, ist ein **zusätzlicher Schutz** der sich dort aufhaltenden Kollegen **durch PSA** (Helm, Sicherheitsschuhe) unabdingbar.

> **Anmerkung:**
> Spezielle Anbaugeräte können spezielle Qualifizierungen erforderlich machen (→ Seite 23).

Herstellervorgaben

Alle Hersteller, die Teleskopmaschinen oder deren Anbaugeräte in Europa verkaufen, müssen diese nach der EU-Maschinenverordnung bzw. EG-Maschinenrichtlinie bauen. Zusätzlich halten sich die Hersteller in der Regel an Normen (DIN, EN oder ISO Normen). Die Baunorm für Teleskopmaschinen ist die DIN EN 1459.

Dass und welche Vorgaben eingehalten wurden, müssen die Hersteller mit einer **Konformitätserklärung** dokumentieren.

MERLO

MERLO SPA Industria Metalmeccanica con unico socio
Via Nazionale, 9
12010 S. DEFENDENTE DI CERVASCA – CUNEO – ITALY
Tel. 0171.614111 – Fax 0171.684101 – Tlx 220236 MERLO-I
Internet: www.merlo.com – E-mail: info@merlo.com
Registro Imprese e Partita IVA 03078670043
Cod. Ident. CEE IT 03078670043 - CCIAA di Cuneo n.R.E.A.: 260677
Capitale Sociale 15.000.000,00 euro

MOD CE/R/DE//v6

EG-Konformitätserklärung

Die unterzeichnende Firma
MERLO S.P.A. INDUSTRIA METALMECCANICA
12010 S. DEFENDENTE DI CERVASCA, CUNEO, ITALIEN

erklärt hiermit, daß das nachstehend genannte Produkt:

TELESKOPSTAPLER MIT DREHBAREM AUSLEGER UND GABELN

Typ:
Seriennummer:

auf das sich dieses Zertifikat bezieht, den Gesundheits- und Sicherheitsvorschriften der EWG-Richtlinien 2006/42/CE und 2004/108/CE entspricht.
Des weiteren wird für die Maschine auf die sich diese Zertifikat bezieht, bestätigt, daß diese mit den Bestimmungen der Richtlinie 2000/14/EC über "umweltbelastende Geräuschemissionen von zur Verwendung im Freien vorgesehenen Geräten und Maschinen" übereinstimmt.

Angewandte Baumusterprüfung: Qualitätssicherungsvorschrift Anlage VIII
geprüft durch: DNV-MODULO UNO Scarl (Viale Colleoni, 9 20041 Agrate Brianza Milano- Italy; N.0496).

ÜBERWIEGENDER GEBRAUCH : FAHRBARE HUBARBEITSITSBÜHNEN

- Gemessener Geräuschpegel einer Mustermaschine gleicher Bauart: dB (A)
- Garantierter Geräuschpegel: dB (A)
- Motorleistung: kW (nach 97/68/CE)

Die technischen Unterlagen sind erstellt worden von MERLO PROJECT s.r.l., via Nazionale n. 9/a 12010 S. Defendente di Cervasca CN Italy
Ausstellungsdatum dieser Erklärung:
Austellungsort dieser Erklärung: San Defendente di Cervasca Cuneo (Italy)

Die vorliegende Erklärung betrifft die von MERLO S.p.A. in Originalausführung hergestellten Modelle mit den serienmässigen Ausrüstungen. Bei Maschinen, die nicht mit den vom Hersteller MERLO S.p.A. vorgesehenen Reifen ausgerüstet sind, ist diese Erklärung nicht anwendbar.

ing. Marco Perlo
(Leiter Produktzertifikation Abteilung)

ENDE DES KAPITELS

Zusätzlich muss an der Teleskopmaschine und den Anbaugeräten ein **CE-Zeichen** angebracht werden. Das geschieht meist auf dem Typenschild.

CE

Wird eine Teleskopmaschine oder ein Anbaugerät durch den Betreiber verändert (z. B. durch Schweißen oder Boh-

Wie mit diesem Anbaugerät „Arbeitsbühne" zu arbeiten ist, muss der Hersteller mitteilen, z. B. Personenanzahl in der Bühne, Gesamtgewicht, Tragen von PSA gegen Absturz etc.

ren), erlischt die Herstellerhaftung (samt Konformitätserklärung und CE-Zeichen).

Das Gerät muss vom Hersteller ausreichend beschrieben und gekennzeichnet sein. Dies geschieht durch eine **Betriebsanleitung** (→ Seite 26) und das **Typenschild**. Dort befinden sich die wesentlichen Einsatzdaten in Kurzform – also z. B. das Gewicht der Maschine / des Anbaugerätes und die maximale Traglast.

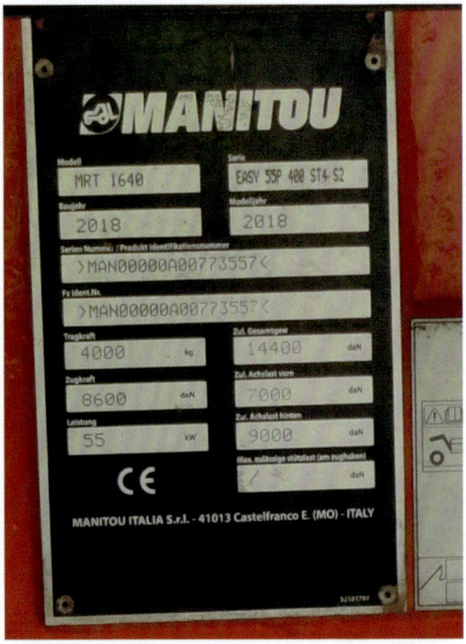

Typenschild einer Teleskopmaschine mit CE-Zeichen

Technische Ausstattung

Antrieb

Teleskopmaschinen werden meist von einem **Verbrennungsmotor** in Kombination mit einem Hydrostat angetrieben. Mittlerweile gibt es allerdings auch leistungsfähige Maschinen mit **batterieelektrischem Antrieb** für ein Arbeiten ohne Emissionen und mit niedrigem Geräuschpegel.

Aufgrund der extremen Einsatzgegebenheiten, in denen Teleskopmaschinen arbeiten müssen, werden sie häufig mit (zuschaltbarem oder permanentem) Allradantrieb gebaut.

Fahrzeug mit Hydrostatantrieb

Lenkungsarten

Vorderradlenkung, Rundlenkung und Hundegang im Vergleich

Vorderradlenkung für den öffentlichen Straßenverkehr (wie beim Auto)

Je nach Bauart und Hersteller können Teleskopmaschinen über unterschiedliche Lenkungsarten verfügen, die je nach Einsatzgegebenheiten gewählt werden können:

Vorderradlenkung

Wie bei einem Pkw lenken dabei nur die Vorderräder. Sie kommt auf Straßen und Wegen, z. B. im öffentlichen Straßenverkehr, zum Einsatz.

Allradlenkung (Rundlenkung)

Die beiden Achsen haben hierbei einen entgegengesetzten Radeinschlag. Sie dient dazu, Kurven enger fahren zu können.

Hundegang

Diese Lenkung wird auch "Diagonallenkung" oder „Krabbenlenkung“ genannt. Hierbei zeigen alle Räder in die gleiche Richtung. Dies dient zum seitlichen Versetzen der Maschine, z. B. um parallel an eine Wand heranzufahren, ohne dass ein größeres Rangieren erforderlich ist. Man spricht auch von einem Fahrvorgang ohne Verlust der „Längsfluchtung“.

Auch gibt es den manuellen Hundegang (auch "Multi-Hundegang"), bei dem die Hinterräder erst eingeschlagen und dann gesperrt werden. Dadurch fährt die Maschine mit spurversetzten Vorder- und Hinterrädern geradeaus, was die Belastung auf den Boden reduziert.

Rundlenkung

Hinterradlenkung
Dabei lenken die Hinterräder wie bei einem klassischen Frontstapler.

Achskonstruktionen

Portalachse
Um mehr Bodenfreiheit und damit Geländegängigkeit zu erzielen, verbauen Hersteller Portalachsen in die Fahrzeuge. Das sind Achsen, die mittig hochgelagert sind.

Portalachse bei Teleskopstapler mit starrem Ausleger

Prinzip einer normalen Achse

Prinzip einer Portalachse

Pendelachse
Auch diese von klassischen Frontstaplern mit Hubmast bekannte Achskonstruktion findet sich bei Teleskopmaschinen. Man versteht darunter eine Achse, die in der Mitte an einem Punkt aufgehangen ist. Das macht die Fahrzeuge sehr wendig und ermöglicht das Ausgleichen von Unebenheiten.

Prinzip einer Pendelachse

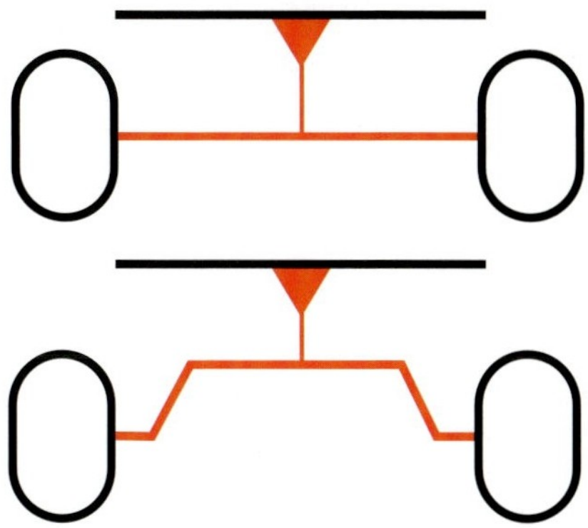

Anders als bei klassischen Staplern mit Hubmast, bei denen sich die Pendelachse als lenkende Achse immer hinten befindet, haben Teleskopmaschinen häufig 2 Pendelachsen. Je nach Einsatz oder Fahrzeugausstattung können die Achsen einzeln oder zusammen blockiert werden.

Verwendet man ein Fahrzeug mit starrem Teleskoparm als Lader (mit Schaufel), lässt man die Hinterachse frei pendeln und blockiert die Vorderachse.

Will man die Maschine als Traktor z. B. auf einem Feld mit einem landwirtschaftlichen Gerät / Anhänger einsetzen, blockiert man die Hinterachse und lässt die Vorderachse frei pendeln.

Die Fahrzeuge verfügen zumeist auch über ein System, bei dem die Vorderachse automatisch blockiert wird, wenn der Teleskoparm angehoben wird. Dies dient der Standsicherheit.

Auch die seitliche Querneigung des Fahrzeuges kann bei einem Niveauausgleich über die Pendelachsen reguliert werden.

Seitenverschub / Seitenschieber

Der **Seitenverschub** ermöglicht auch bei starren Maschinen eine Drehung der Fahrerkabine samt Teleskoparm um bis zu 5°. Dadurch kann eine leicht versetzte Positionierung des Fahrzeuges zur Last ausgeglichen werden, was ein präziseres Arbeiten ohne Rangieren ermöglicht.

Eine Traglastreduzierung ist in diesem Fall aufgrund einer bereits herstellerseits festinstallierten Vorrichtung nicht erforderlich.

Seitenverschub (Merlo Patent)

Wie bei Frontstaplern gibt es auch bei Teleskopmaschinen **Seitenschieber**.

Dabei handelt es sich um ein vorgebautes Anbaugerät, das die Gabeln nach links und rechts verschieben kann. Die Vorteile sind wie auch beim Seitenverschub ein schnelleres und präziseres Handling der Last.

Anders als beim Seitenverschub muss beim Seitenschieber aber u. U. die Tragfähigkeit reduziert werden – es gelten hier zunächst die Grundsätze der Toleranzen für den mittigen Lastentransport (→ Seite 59).

Niveauausgleich

Mit dieser Vorrichtung können **seitliche Bodenneigungen** ca. bis zu 10 % ausgeglichen werden.

Dies erfolgt, indem durch Hydraulikzylinder zwischen Ober- und Unterrahmen des Fahrzeuges eine Anpassung bis zur Waagerechten stattfindet. Mit Oberwagen und Teleskoparm kann somit vollkommen waagerecht gearbeitet werden, auch wenn die Räder / Achsen schräg stehen.

Der Maschinenführer kann diesen Mechanismus manuell über eine Vorrichtung / einen Hebel aktivieren.

Niveauausgleich zum Neigungsausgleich schräger Ebenen

Sicherheitseinrichtungen

Rückhalteeinrichtungen

Teleskopmaschinen verfügen meist über stabile und **geschlossene Fahrerkabinen**. Die Kabine ist das stärkste Rückhaltesystem beim Kippen / Umsturz der Maschine. Sie dient durch das integrierte **Fahrerschutzdach** zudem als Schutz vor herabfallenden Lasten und vor Witterungseinflüssen, wie Regen, Schnee oder Wind (ggf. auch vor Hitze, wenn die Kabine mit einer Klimaanlage ausgestattet ist).

Originalauszug aus einer Betriebsanleitung

„Vor dem Benutzen der Maschine am Arbeitsplatz immer den Sicherheitsgurt anlegen und zumindest den unteren Teil der Kabinentür schließen. Den Sicherheitsgurt so einstellen, dass er auf den Hüften aufliegt und nicht auf dem Bauch."

Optimale Sicherheit: Geschlossene Fahrerkabine und angelegter Sicherheitsgurt – hier beim Einsatz mit Kippkabine

Die Kabine kann ihren Sinn aber nur dann optimal erfüllen, wenn sie **geschlossen** ist (bei geteilten Türen zumindest der untere Teil der Kabinentür).

Die Fahrerkabine gewährleistet nicht, dass der Fahrer beim Kippen der Maschine auf seinem Sitz gehalten wird. Das kann nur ein **Sicherheitsgurt**.

Leider gab es schon schwere, sogar tödliche Unfälle, die mit angelegtem Gurt nicht geschehen wären – trotz vorhandener geschlossener Fahrerkabine.

Legen Sie immer den Sicherheitsgurt an!

Mit diesem Aufkleber am Fahrzeug werden Sie daran erinnert.

Sollte der Hersteller das Anlegen des Gurtes vorgeben, ist dem ohnehin Folge zu leisten, denn nur so bedient der Fahrer die Maschine bestimmungsgemäß (→ Seite 26).

Gleiches gilt, wenn der Unternehmer das Tragen anordnet, z. B. in einer Betriebsanweisung (→ Seite 27).

Beziehen Sie die Rückhalteeinrichtungen bei Ihrer **täglichen Einsatzprüfung** mit ein (→ Seite 43).

Lastmomentbegrenzer

Er **verhindert ein Überlasten und Kippen** der Maschine durch Messen des Lastmomentes (→ Seite 36).

Kommt die Maschine durch den Arbeitsvorgang in einen Bereich, in dem die Standsicherheit gefährdet ist, wird die Arbeitshydraulik abgeschaltet (**Lastabschaltung**). Es sind dann nur noch Bewegungen möglich, die das Lastmoment verkleinern (z. B. Einzug des Teleskoparms).

Eine **dynamische Lastkontrolle** erkennt dabei zusätzlich zum Lastmomentbegrenzer das angebaute Anbaugerät und bezieht dieses in die Berechnung mit ein.

Mit einem **automatischen Wiegesystem** können Lasten darüber hinaus gewogen und registriert werden – auch mit der Möglichkeit, Einzellasten nach dem Ende mehrerer Lastbewegungen zusammenzuzählen.

Lastschutzgitter

Es verhindert das Herabfallen von Lasten auf den Fahrer und auch auf das Umfeld des Fahrzeuges. Es ist am Gabelträger angebracht.

Lastschutzgitter

Warnsignale

Das können **akustische Signale** sein, die beim Rückwärtsfahren automatisch ertönen, um dem Umfeld zu signalisieren, dass ein Fahrzeug naht.

Auch eine **Hupe** ist ein Warnsignal. Diese erfüllt aber nur dann ihren Zweck, wenn man sie ausschließlich zur Gefahrenabwehr einsetzt. Wird ständig, vielleicht noch von mehreren Fahrzeugen gleichzeitig und ohne Gefahrenanlass gehupt (z. B. vor jeder Kurven- oder Rückwärtsfahrt), verliert sie den Sinn als Warneinrichtung, weil es niemand mehr wahrnimmt.

Es gibt zudem **optische Warnsignale**, wie z. B. Rundumleuchten.

Automatische Feststellbremse

Immer wieder werden Unfälle durch menschliches Versagen / Vergesslichkeit verursacht. Eines der besten Beispiele dafür ist das Nichtanziehen der Feststellbremse beim Verlassen des Fahrzeuges (→ Seite 87).

Was bedeutet ein „Verlassen des Fahrzeuges"? – Nicht nur das Parken nach getaner Arbeit, sondern auch ein kurzzeitiges Verlassen, um z. B. ein Tor zu öffnen oder die Last zu kontrollieren.

Die Feststellbremse ist immer anzuziehen! Das sollte ein Automatismus für den Fahrer sein.

Um die Unfallgefahr zu reduzieren, bauen die Hersteller auch Feststellbremsen mit automatischer Sperre ein. Dabei wird die Feststellbremse automatisch arretiert, sobald der Fahrzeugmotor abgestellt wurde, und die Räder sind blockiert. Am besten und sichersten ist es also, **auch bei nur kurzzeitigem Verlassen des Fahrzeuges den Motor abzustellen,** was gleichzeitig auch umweltschonend ist.

Scheinwerfer

Ob dies Arbeitsscheinwerfer sind oder StVZO-Lichteinrichtungen, die für den Einsatz im öffentlichen Straßenverkehr (→ Seite 85) nötig sind: Sie dienen der Sicherheit und sollten vom Fahrer eingeschaltet werden – auch, weil ihn dadurch das Umfeld besser und früher sieht.

Fernlicht allerdings kann umstehende Personen oder andere Fahrzeugführer blenden, sodass sie kurzzeitig „blind" sind und nicht mehr reagieren können.

Arbeitsscheinwerfer sind bei Fahrten auf öffentlichen Straßen auszuschalten und nur die lichttechnischen Einrichtungen nach StVZO zu benutzen.

Fahrzeug mit StVZO-Lichtanlage und zusätzlichen Arbeitsscheinwerfern

Voraussetzungen zum Bedienen einer Teleskopmaschine

Voraussetzungen zum selbstständigen Bedienen:

1. Mindestalter 18 Jahre
2. Ausreichende Eignung
3. Theoretische und praktische Qualifizierung mit erfolgreichen Prüfungen

Hinweis:
Im Rahmen der Berufsausbildung können bereits Personen ab 16 Jahren zum Teleskopmaschinenbediener qualifiziert und unter Anleitung sowie fachlicher Aufsicht eingesetzt werden.

Alle Voraussetzungen können und sollten in einem Fahrausweis dokumentiert werden (→ Seite 25).

Eignung

Die Eignung setzt sich zusammen aus der körperlichen, geistigen und charakterlichen Eignung.

körperliche Eignung:

- gutes Sehen (auch räumlich und in die Höhe)
- gutes Hören
- ausreichende Beweglichkeit (z. B. wegen erforderlicher Drehbewegungen des Körpers während der Tätigkeit)
- gute Reaktionsfähigkeit
- keine wesentlichen Erkrankungen (z. B. Anfallsleiden oder Störung des Gleichgewichtssinnes)

Die körperliche Eignung kann nach der DGUV Empfehlung für arbeitsmedizinische Untersuchungen „Fahr-, Steuer- und Überwachungstätigkeiten" (früher G 25) durch einen Arzt festgestellt werden. Eine Feststellung durch den Unternehmer ist ebenfalls möglich. Zur rechtlichen Absicherung kann dabei nach einem Eignungsbogen vorgegangen werden.

Zur Dokumentation der Eignung und Tauglichkeit: Mappe mit 25 Formularen vom Resch-Verlag

geistige Eignung:

- Verständnis von technischen und physikalischen Zusammenhängen
- auf Situationen angemessen reagieren
- Gefahren erkennen

charakterliche Eignung:

- Bewusstsein über die Verantwortung im Umgang mit einer solch gefährlichen Maschine
- zuverlässiges und umsichtiges Arbeiten

Qualifizierung

Je nach dem welche Maschine Sie bedienen sollen, kann sich die benötigte Qualifizierung unterscheiden. Die Qualifizierung für Teleskopmaschinen ist im DGUV Grundsatz 308-009 geregelt. Eine Qualifizierung gliedert sich in:

- Allgemeine Qualifizierung
- Zusatzqualifizierungen
- Betriebliche Qualifizierung

Nach der allgemeinen und jeder Zusatzqualifizierung ist jeweils eine theoretische und praktische Prüfung durchzuführen.

Jeder Schritt der Qualifizierung sollte in einem Fahrausweis und durch ein Qualifikationszertifikat dokumentiert werden (in Anlehnung an DGUV G 308-001). Diese Dokumente sind dem Fahrer auszuhändigen und dienen ihm als Befähigungsnachweise.

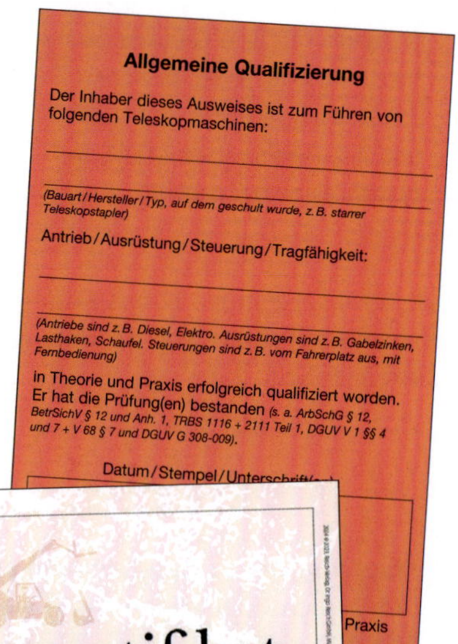
Allgemeine Qualifizierung

Der Inhaber dieses Ausweises ist zum Führen von folgenden Teleskopmaschinen:

(Bauart/Hersteller/Typ, auf dem geschult wurde, z. B. starrer Teleskopstapler)

Antrieb/Ausrüstung/Steuerung/Tragfähigkeit:

(Antriebe sind z. B. Diesel, Elektro. Ausrüstungen sind z. B. Gabelzinken, Lasthaken, Schaufel. Steuerungen sind z. B. vom Fahrerplatz aus, mit Fernbedienung)

in Theorie und Praxis erfolgreich qualifiziert worden. Er hat die Prüfung(en) bestanden (s. a. ArbSchG § 12, BetrSichV § 12 und Anh. 1, TRBS 1116 + 2111 Teil 1, DGUV V 1 §§ 4 und 7 + V 68 § 7 und DGUV G 308-009).

Datum/Stempel/Unterschrift(...)

Praxis

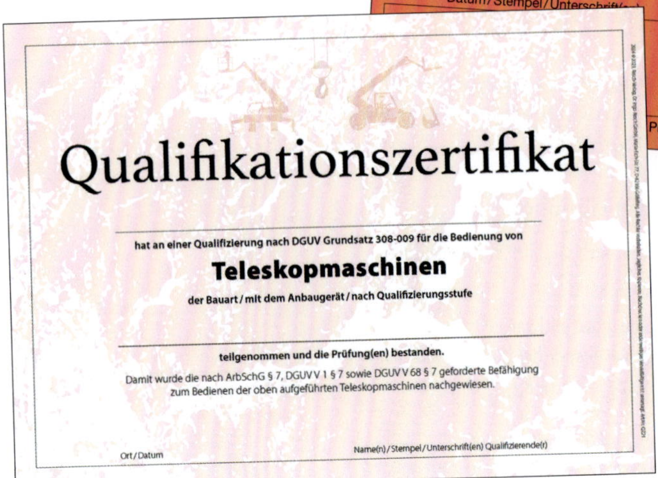
Qualifikationszertifikat

hat an einer Qualifizierung nach DGUV Grundsatz 308-009 für die Bedienung von

Teleskopmaschinen

der Bauart/mit dem Anbaugerät/nach Qualifizierungsstufe

teilgenommen und die Prüfung(en) bestanden.

Damit wurde die nach ArbSchG § 7, DGUV V 1 § 7 sowie DGUV V 68 § 7 geforderte Befähigung zum Bedienen der oben aufgeführten Teleskopmaschinen nachgewiesen.

Ort/Datum

Name(n)/Stempel/Unterschrift(en) Qualifizierende(r)

Allgemeine Qualifizierung
Diese Grundqualifizierung (Stufe 1) brauchen Sie immer, egal welche Teleskopmaschine Sie steuern möchten. Sie behandelt den sicheren Umgang mit Teleskopmaschinen mit **starrem Aufbau** inklusive aller allgemeinen rechtlichen und physikalischen Grundlagen.

Zusatzqualifizierungen
Um eine Maschine mit **drehbarem Oberwagen** bedienen zu dürfen, ist eine Zusatzqualifizierung (Stufe 2a) nötig.

Eine weitere Zusatzqualifizierung ist nötig, um eine **Arbeitsbühne** an einer Teleskopmaschine einzusetzen (Stufe 2b).

Weitere Zusatzqualifizierungen können nötig sein für Sondereinsätze (z. B. Abrissarbeiten) oder spezielle Anbaugeräte (z. B. kraftschlüssige Lastaufnahmemittel).

Ausnahmen:

- Wenn Sie bereits qualifizierter Kranführer auf Fahrzeug- oder Lkw-Ladekranen sind, dürfen Sie die Stufe 2a bescheinigt bekommen.
- Wenn Sie bereits qualifizierter Hubarbeitsbühnenbediener auf einer Bühne mit Teleskoparm sind, dürfen Sie die Stufe 2b bescheinigt bekommen.
- Die Grundqualifizierung auf einer Teleskopmaschine brauchen Sie aber in beiden Fällen trotzdem.

Beispiel:
In Ihrem neuen Betrieb sollen Sie eine Teleskopmaschine mit einer Arbeitsbühne einsetzen. Sie sind aber „nur" auf einer starren Maschine qualifiziert. Also brauchen Sie vorab eine Zusatzqualifizierung mit erneuter theoretischer und praktischer Prüfung für die Arbeitsbühne und ggf. einen drehbaren Oberwagen.

Verlangt Ihr Vorgesetzter diese Arbeit ohne die erforderliche Zusatzqualifizierung trotzdem von Ihnen und es geschieht ein Unfall, weil Sie – mangels Qualifizierung – mit dem Gerät nicht umgehen können, ist in erster Linie er in der Verantwortung!

Ihre Pflicht ist es aber trotzdem, ihm mitzuteilen, dass Sie für diese Tätigkeit nicht qualifiziert sind.

Betriebliche Qualifizierung
Nachdem Sie alles über das sichere Bedienen von Teleskopmaschinen gelernt haben, müssen Sie noch über die Gegebenheiten und das sicherheitsgerechte Verhalten in dem Betrieb, in dem Sie arbeiten, unterwiesen werden (Verkehrswege, Betriebsanweisungen etc.). Die betriebliche Qualifizierung benötigen Sie in jedem neuen Betrieb, in dem Sie arbeiten, bevor Sie mit der Arbeit beginnen.

Dabei findet auch eine Einweisung in alle tatsächlich zu bedienenden Geräte statt.

Einweisung

Immer wenn Sie eine für Sie neue Teleskopmaschine oder ein neues Anbaugerät bedienen sollen, ist eine Einweisung nötig. Sie umfasst alle Besonderheiten der Maschine (Steuerung etc.) und kann z. B. von einem erfahrenen Teleskopmaschinenbediener durchgeführt werden.

Beispiel:
Die Qualifizierung erfolgte auf einem Fahrzeug des Herstellers A, im Betrieb wird aber mit einem des Herstellers B gearbeitet. Dann bedarf es einer Einweisung, aber keiner erneuten Qualifizierung – vorausgesetzt es handelt sich um die gleiche Bauart (also bspw. eine Teleskopmaschine mit starrem Aufbau).

Fahrauftrag

Um nach bestandener Qualifizierung Ihre Teleskopmaschine in Betrieb nehmen zu können, benötigen Sie von Ihrem Arbeitgeber einen **schriftlichen Auftrag zum Fahren / Bedienen** (DGUV V 68 § 7). Dabei ist zu beachten: Der Fahrauftrag muss dort, wo gefahren wird, seine Gültigkeit haben – also in dem konkreten Unternehmen / Betriebsbereich / auf der Baustelle, wo tatsächlich gearbeitet wird.

Der Fahrauftrag kann sich auch aus einem Werkvertrag, einem Arbeitsvertrag oder sonstiger schriftlicher Anweisung ergeben. Er ist aber immer schriftlich zu erteilen.

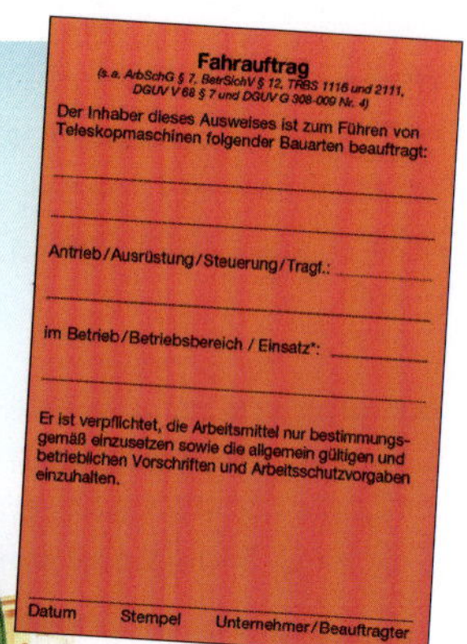
Fahrauftrag
(s. a. ArbSchG § 7, BetrSichV § 12, TRBS 1116 und 2111, DGUV V 68 § 7 und DGUV G 308-009 Nr. 4)

Der Inhaber dieses Ausweises ist zum Führen von Teleskopmaschinen folgender Bauarten beauftragt:

____

____

Antrieb/Ausrüstung/Steuerung/Tragf.: __________

____

im Betrieb/Betriebsbereich / Einsatz*: __________

____

Er ist verpflichtet, die Arbeitsmittel nur bestimmungsgemäß einzusetzen sowie die allgemein gültigen und betrieblichen Vorschriften und Arbeitsschutzvorgaben einzuhalten.

Datum Stempel Unternehmer/Beauftragter

Seite „Fahrauftrag" aus dem „Fahrausweis für Teleskopmaschinen"

Wer auf diesem Gelände die Verantwortung trägt, hat auch den Fahrauftrag zu erteilen.

Wenn sich an den körperlichen und fachlichen Voraussetzungen etwas ändert, kann der Unternehmer den Fahrauftrag widerrufen. Auch sollte bei der Erteilung auf regelmäßige Fahrpraxis geachtet werden.

Jährliche Unterweisungen

Nehmen Sie an regelmäßigen / jährlichen Unterweisungen teil.

Routine macht leichtsinnig, deshalb ist es wichtig, sich immer wieder mit den Risiken aber auch mit den Möglichkeiten der Teleskopmaschinen zu befassen und verschüttetes Wissen aufzufrischen. Die Teilnahme ist **verpflichtend** (BetrSichV, DGUV V 1). Nehmen Sie nicht daran teil, riskieren Sie den Entzug des Fahrauftrages.

Unabhängig davon muss Ihr Arbeitgeber Sie immer dann unterweisen, wenn sich etwas in Sachen Arbeitsmittel oder -umfeld ändert (ArbSchG § 12), z. B. bevor ein neues Anbaugerät eingesetzt wird (Einweisung, → Seite 24).

Fahrausweis

Im Fahrausweis können alle Voraussetzungen eines Teleskopmaschinenbedieners rechtssicher an einem Ort dokumentiert werden:

- Eignung
- Qualifizierung (allgemeine, betriebliche und Zusatzqualifizierung)
- Fahrauftrag (Beschränkung auf bestimmte Geräte oder Betriebsbereiche möglich)
- Jährliche Unterweisungen

Der Fahrausweis ist Eigentum des Fahrers und gleichzeitig der Befähigungsnachweis für seine Qualifizierung. Nur betriebsbezogene Angaben wie der Fahrauftrag und die betriebliche Qualifizierung erlöschen, wenn Sie den Arbeitgeber wechseln.

Im öffentlichen Straßenverkehr ist zusätzlich zum Fahrausweis auch ein Führerschein nötig (→ Seite 82).

Fahrausweis vom Resch-Verlag als Befähigungsnachweis für den Teleskopmaschinenfahrer

Betriebsvorschriften

Ein Bediener von Teleskopmaschinen muss die Vorgaben der DGUV Vorschrift 68 „Flurförderzeuge" einhalten, da eine Teleskopmaschine auch ein Flurförderzeug ist. Zusätzlich müssen Betriebsanleitungen und Betriebsanweisungen beachtet werden.

Betriebsanleitung

Zu jeder Maschine gehört eine **Betriebsanleitung** (auch Bedienungsanleitung oder Gebrauchsanleitung genannt). Diese muss der Hersteller mitliefern. Sowohl Teleskopmaschinen als auch die Anbaugeräte und Anschlagmittel haben Betriebsanleitungen. Sie müssen am Gerät oder am Einsatzort aufbewahrt werden.

In der Betriebsanleitung erklärt der Hersteller, wie die Maschine funktioniert. Neben der Steuerung und Vorgaben zum sicheren Einsatz sind dort Informationen für das ganze „Leben" der Maschine enthalten - von der Montage bis hin zur Entsorgung.

Der Bediener muss die Betriebsanleitungen der Teleskopmaschine und auch die der Anbaugeräte und Anschlagmittel kennen und sich an die Vorgaben darin halten.

Betriebsanleitungen geben die bestimmungsgemäße Verwendung der Maschine vor.

Bestimmunsgemäße Verwendung

Ein Arbeitsmittel, also auch eine Teleskopmaschine, darf nur **bestimmungsgemäß** verwendet werden. Bestimmungsgemäß ist das, was der Hersteller in der **Betriebsanleitung** vorgibt. Er sagt uns, wie die Teleskopmaschine oder das Anbaugerät eingesetzt werden darf.

Der Hersteller erklärt in der Betriebsanleitung auch, wie die Maschine nicht eingesetzt werden darf (**bestimmungswidrige Anwendung**). Ein Beispiel dafür ist das Mitfahren auf der Auftrittsstufe.

Betreiber und Geräteführer müssen sich an diese Anleitung halten.

Dieser Einsatz ist bestimmungswidrig und deshalb verboten!

Betriebsanweisung

Steuern von Teleskopmaschinen

Gefahren für Mensch und Umwelt

Schutzmaßnahmen und Verhaltensregeln

Verhalten bei Störungen und Sicherheitsmängeln

Verhalten bei Unfällen Erste Hilfe (Notruf 112)

Instandhaltung und Entsorgung

Folgen bei Nichtbeachtung

Betriebsanweisung vom Resch-Verlag

Weichen Sie als Maschinenführer von der Betriebsanleitung ab, haftet bei einem Unfall nicht der Hersteller, sondern Sie. Machen Sie deshalb lieber „etwas weniger" als es die Herstellervorgaben vorsehen, niemals mehr.

Der Hersteller steht also nur für das ein, was er gebaut hat und wofür er die Maschine bestimmungsgemäß vorgesehen hat.

Betriebsanweisung

Da die Maschinen-Hersteller die konkreten Einsatzbedingungen im jeweiligen Betrieb nicht kennen, können sie darüber auch keine Vorgaben in der Betriebsanleitung machen. Dafür muss der Unternehmer zusätzlich Betriebsanweisungen erstellen (BetrSichV § 12), in denen er den Umgang mit Gefahren im Betrieb aufzeigt, die zuvor durch eine **Gefährdungsbeurteilung** ermittelt wurden.

Betriebsanweisungen müssen an geeigneter Stelle in verständlicher Form und Sprache ausgehängt / -gelegt werden.

Betriebsanweisungen sind von allen Mitarbeitern einzuhalten.

Verantwortung und Haftung

Als Teleskopmaschinen-Bediener sind Sie insbesondere verantwortlich für:

- das sichere / bestimmungsgemäße Bedienen der Teleskopmaschine sowie der Anbaugeräte und ggf. der Anschlagmittel und Anhänger,
- die Kenntnisnahme und Beachtung der Vorschriften, Betriebsanleitung(en) und Betriebsanweisung(en),
- die Teilnahme an regelmäßigen Unterweisungen,
- das Melden von Schäden, Gefahren und Mängeln an der Maschine, an Anbaugeräten und auch an Betriebseinrichtungen.

Deshalb müssen Sie alles dafür tun, um die Gefahren, die von Ihrer Tätigkeit ausgehen, so gering wie möglich zu halten.

Sie können **haften**, wenn Sie

- nicht über das nötige (Sicherheits-)Wissen verfügen,
- unaufmerksam sind,
- eine Gefahr unterschätzen,
- gutmütig, aber vorschriftswidrig handeln,
- vorschriftswidrige Aufträge ausführen

und durch einen dieser Gründe ein Unfall passiert.

Beispiel:
Ihr Vorgesetzter fordert sie auf, einen Kollegen auf der Auftrittsstufe mitzunehmen. Dieser fällt daraufhin beim Fahren herunter und verletzt sich. Sie sind dafür mitverantwortlich, da Sie eine vorschriftswidrige Anweisung ausgeführt haben. Sie hätten wissen müssen, dass dieses Vorhaben verboten ist.

Ihr Handeln kann erfolgen als

- aktives Tun (z. B. Anstoßen mit der Maschine an ein Gerüst und es kommt daraufhin zu einem Unfall)
- Unterlassen (z. B. Mangel nicht gemeldet)

Gerichte werden dann prüfen, ob Ihnen ein **Verschulden** (Fahrlässigkeit oder Vorsatz) zur Last gelegt werden kann.

Rechtsfolgen

Wir alle machen uns häufig keine Gedanken darüber, was rechtlich passieren kann, wenn es zu einem Unfall

Fahrlässigkeit			**Vorsatz**
leicht	**mittel**	**grob**	**billigend in Kauf nehmen**
„Das kann jedem mal passieren."	*„Er hätte eben anders handeln müssen."*	*„Wie konnte er nur, das lag doch auf der Hand!"*	*„Sei's drum, ich mach das – die Folgen sind mir egal."*

kommt. Die **Rechtsfolgen** können jedoch vielfältig sein:

- arbeitsrechtlich: Abmahnung, Versetzung oder gar Kündigung,
- privatrechtlich: Schadensersatz- und Schmerzensgeldansprüche,
- sozialrechtlich: Regressnahme der Unfallversicherungsträger bzw. anderer Sozialleistungsträger wie z. B. Krankenkassen,
- Ordnungswidrigkeitenverfahren mit Geldbuße,
- Strafverfahren, wenn eine Person verletzt oder getötet wurde; es droht dann sogar eine Freiheitsstrafe.

All diese Rechtsfolgen können gleichzeitig auf Sie zukommen.

Teleskopmaschinen sind „gefährliche" Arbeitsmittel, das sollten Sie immer im Hinterkopf behalten und auch Kollegen so vermitteln.

Physikalische Grundlagen

Es gibt eine Reihe von Naturgesetzen bzw. technischen Gegebenheiten, die in Bezug auf den Betrieb von Teleskopmaschinen verstanden und beachtet werden müssen.

Trägheitskraft

Bewegt sich ein Körper, möchte er diese Bewegung beibehalten. Befindet er sich im Ruhezustand, möchte er weiterhin „ruhen". Jeder Körper möchte also seinen momentanen Bewegungszustand beibehalten – er ist träge.

Wir kennen das vom Autofahren: Beschleunigen wir, wird unser Körper in den Sitz gepresst. Bremsen wir, werden wir nach vorne in den Gurt gedrückt. Je ruckartiger, desto stärker die Trägheitskraft.

Die Last kann beim Bremsen durch die Trägheitskraft nach vorne abgleiten.

Für den Umgang mit Teleskopmaschinen bedeutet das:
Bremsen wir zu abrupt, gleitet die Last von den Gabelzinken nach vorne ab. Deshalb gilt es auch, mit leicht nach oben zeigenden Gabelzinkenspitzen zu fahren, was wie ein zusätzlicher „Sicherheitsgurt" für die Last wirkt.

Wenn wir mit einer hängenden Last am Haken schnell anfahren, wird diese stark zu **pendeln** beginnen. Dieses Pendeln müssen das Anschlagmittel, der Teleskoparm und letztlich die ganze Maschine abfangen.

Ohne dass man es sieht, wirkt die Trägheitskraft auch beim Anheben der Last. Sie belastet alle Komponenten zusätzlich zum Gewicht der Last. Deshalb **Lasten nie ruckartig anheben**, um die Trägheitskräfte klein zu halten.

Keine ruckartigen Bewegungen mit dem Fahrzeug (Bremsen, Beschleunigen, Lenken) oder der Last (Anheben, Schwenken) durchführen.

Fliehkraft

Beim Kettenkarussell wird die Fliehkraft „sichtbar".

Die Fliehkraft kommt bei **Kreis- / Drehbewegungen** zur Wirkung. Gut zu sehen ist das bei einem Kettenkarussell,

Ein enger Wendekreis ist praktisch, erhöht aber die Fliehkraft – und damit die Umsturzgefahr.

bei dem die Sitze durch die Drehung nach außen gedrückt werden.

Beim Fahren mit Teleskopmaschinen wirkt die Fliehkraft bei **Kurvenfahrten**, da eine Kurve eine Kreisbewegung ist. Genauso verhält es sich beim **Schwenken von Lasten durch Drehen des Oberwagens.**

Je höher die Geschwindigkeit und je enger die Kurve, desto größer ist die Fliehkraft und desto höher die Kippgefahr. Wird die Geschwindigkeit verdoppelt, vervierfacht sich die Fliehkraft.

Besonders das Kurvenfahren mit angehobener Last ist aufgrund des hohen Lastschwerpunkts äußerst gefährlich.

Kurven langsam und in großem Bogen durchfahren.

Lasten langsam schwenken.

Reibung

Reibung tritt auf, wenn sich zwei berührende Körper gegeneinander bewegen. Durch die entstehende **Reibungskraft** wird die **Bewegung gehemmt**.

Wie stark die Reibungskraft ist, hängt u.a. von der Beschaffenheit der Körperoberflächen ab. Ist eine Oberfläche glatt, ist die Reibungskraft geringer als bei einer rauen Oberfläche. Auch können Schmutz, Feuchtigkeit oder Öl die Reibung verringern.

Dieser Untergrund kann zum Problem werden: Loses Gestein verringert die Reibung.

Man unterscheidet 3 Formen der Reibung: Haftreibung, Gleitreibung und Rollreibung, wobei die Haftreibung die stärkste Form der Reibung ist, gefolgt von der Gleitreibung und der Rollreibung.

Erklärung an einem Fahrzeug auf der Straße:

- **Haftreibung**: Ein Körper haftet auf dem anderen – beim stehenden Auto mit angezogener Handbremse die Reifen auf einer Straße am Berg.
- **Gleitreibung**: Ein Körper gleitet auf dem anderen – bei einer Vollbremsung ohne ABS blockieren die Reifen und „gleiten"/rutschen auf der Straße.
- **Rollreibung**: Ein Körper rollt auf einem anderen – beim fahrenden Auto rollen die Räder auf der Straße.

Je nach Situation kann hierbei die Reibung erwünscht oder unerwünscht sein. Beim Lastentransport sorgt eine hohe Reibung für mehr Sicherheit.

Beispiele, bei denen Reibung eine Rolle spielt:

- Fahrt im Winter, der Weg ist vereist: Zwischen Weg und Reifen kann sich durch das Eis kaum (erwünschte) Reibung aufbauen – man rutscht weg, kann nicht beschleunigen, bremsen und lenken. Ein gefährlicher Zustand! Durch das Streuen von Granulat auf den Weg wird wieder Reibung erzeugt: Die Oberfläche wird rauer, das Fahren sicherer. Gleiches gilt, wenn ein Verkehrsweg beispielsweise durch Verschmutzung (z. B. Öl, Sand, Laub) glatt ist. Auch hier kann es zu gefährlichen Situationen kommen.
- Ladung auf Gabelzinken (Metall):
  • mit Holzpaletten (hier wirkt Holz auf Metall) oder
  • in Gitterboxen (hier wirkt Metall auf Metall)

Verkehrswege sauber halten, damit keine Rutschbahn daraus wird – auch das ist Arbeitssicherheit.

Eine wesentliche Rolle spielen also die Materialien, die aufeinandertreffen/-liegen. So liegt Holz auf Metall sicherer als Metall auf Metall, da die Oberfläche von Holz rauer ist.

Das hängt mit dem sog. **Reibwert** zusammen. Je kleiner dieser ist, desto weniger Reibung existiert und desto gefährlicher wird ein Lastentransport.

Dies ist auch ein entscheidender Aspekt bei der **Ladungssicherung.** Dabei rutscht ein schwerer Gegenstand zur gleichen Zeit los wie ein leichter. Das hängt mit zwei Kräften zusammen:

- Die Reibungskraft hält den Gegenstand am Boden fest.
- Die Trägheitskraft bewirkt, dass die Gegenstände „weiterfahren" wollen (beim Bremsen des Fahrzeuges).

In dem Moment, in dem die Trägheitskraft größer wird als die Reibungskraft, fängt der Gegenstand zu rutschen an. Dabei spielt das Gewicht keine Rolle. Eine schwere Last wird zwar stärker an den Boden gepresst, weshalb die Reibungskraft größer ist, die eine Bewegung verhindert, bei einem Bremsmanöver ist aber auf der anderen Seite auch die Trägheitskraft größer, die die Last in Bewegung setzt.

Schwere Lasten rutschen bei Fahrmanövern genau so schnell los wie leichte.

Schwerpunkt

Jeder Körper hat einen Schwerpunkt, an dem viele Kräfte angreifen, wie die Schwerkraft / Gewichtskraft sowie die Trägheitskraft und Fliehkraft.

Ein rechteckiges Brett hat seinen Schwerpunkt in der Mitte, wo sich die Diagonalen schneiden, genauso eine gleichmäßig beladene Gitterbox.

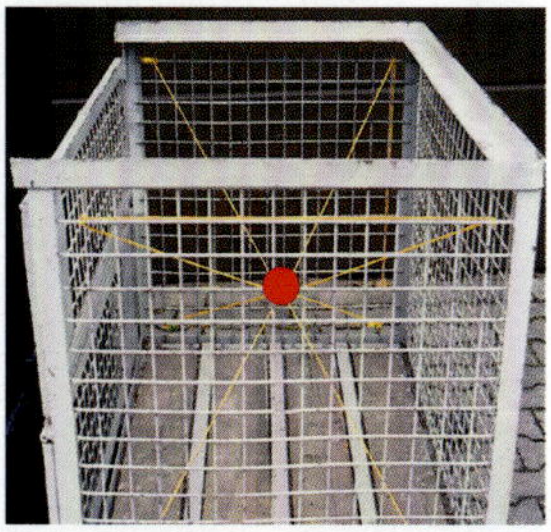

Sowohl die Teleskopmaschine als auch Anbaugeräte und die Last haben einen eigenen Schwerpunkt. Zusammen ergeben diese einen **Gesamtschwerpunkt**, dessen Lage für die Standsicherheit entscheidend ist.

Je höher sich der Schwerpunkt befindet, desto kippanfälliger wird ein Gegenstand.

Deshalb gilt auch bei Teleskopmaschinen:

Schwerpunkt unten halten und Last tief transportieren.

Nur so ist optimale Standsicherheit gegeben.

Hier ist der Lastschwerpunkt und damit auch der Gesamtschwerpunkt höher als bei tiefer Last.

Lastschwerpunkt und Staplerschwerpunkt tief und damit auch der Gesamtschwerpunkt.

Hebelgesetz

Teleskopmaschinen arbeiten nach dem Prinzip des Hebelgesetzes.

Dabei kann man sich die Teleskopmaschine zunächst wie eine Wippe vorstellen. Sind zwei Kinder auf der Wippe gleich schwer, sitzen sie auch gleich weit von der Mitte entfernt, damit die Wippe im Gleichgewicht ist. Wippt aber ein Erwachsener mit einem Kind, muss dieser weiter nach vorne (zum Drehpunkt) rutschen, um seinen Hebelarm zu verkürzen. Ansonsten wäre die Wippe nicht im Gleichgewicht.

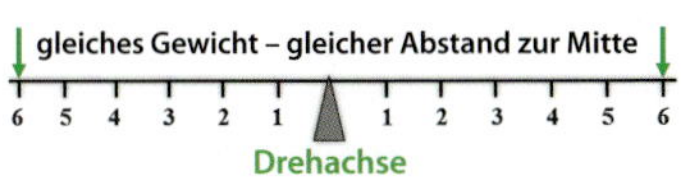

Anstatt zweier Kinder auf der Wippe, befindet sich bei einer Teleskopmaschine auf der einen Seite die Last **(Lastarm)** und auf der anderen Seite die Maschine **(Kraftarm)**. Auf Höhe der Vorderachse ist die **Drehachse.**

Bei einer Wippe ist ein Gleichgewicht zwischen beiden Seiten erwünscht, damit es Spaß macht. Bei einer Teleskopmaschine wäre das extrem gefährlich, da sie dann leicht nach vorne umkippen könnte.

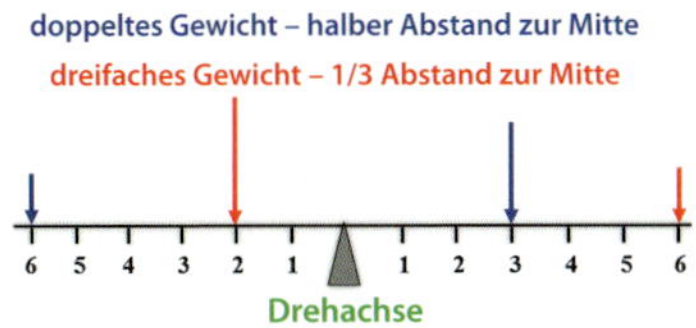

Prinzip des Hebelgesetzes bei einem Teleskopstapler mit einem starren Teleskoparm

Deshalb wiegt die Maschinen-/Fahrzeugseite in der Praxis immer mehr.

Wird der Teleskoparm ausgefahren, verlängert sich der Lastarm. Damit die Maschine sicher steht, kommt es immer auf die Kombination aus Gewicht und Hebelarm an - das Drehmoment. Das **Lastmoment** ist die Kombination (Multiplikation) aus Lastgewicht und Lastarm und versucht die Maschine nach vorne umzukippen. Das **Kraftmoment** ergibt sich aus dem Gewicht der Maschine und dem Kraftarm und verhindert das Kippen. **Das Kraftmoment muss immer größer sein als das Lastmoment.** Wird der Lastarm länger, muss das Lastgewicht entsprechend geringer sein.

Je weiter der Teleskoparm ausgefahren wird, desto kippanfälliger ist die Maschine.

Keinesfalls dürfen zur Erhöhung des Gegengewichtes Personen auf die Maschine gestellt werden – das ist verboten und extrem gefährlich!

Standsicherheit

Eine Teleskopmaschine kippt um, sobald sich der **Gesamtschwerpunkt außerhalb der Standfläche** befindet. Das ist genau dann der Fall, wenn auch das Lastmoment größer als das Kraftmoment wird. Die Standfläche ist je nach Bauart und Einstellung der Achse entweder ein Standsicherheitsdreieck oder ein Standsicherheitsviereck (bei arretierter Pendelachse). Auch bei Abstützung auf 4 Stützen entsteht ein Standsicherheitsviereck. Die äußeren Kanten der Standfläche heißen **Kippkanten**.

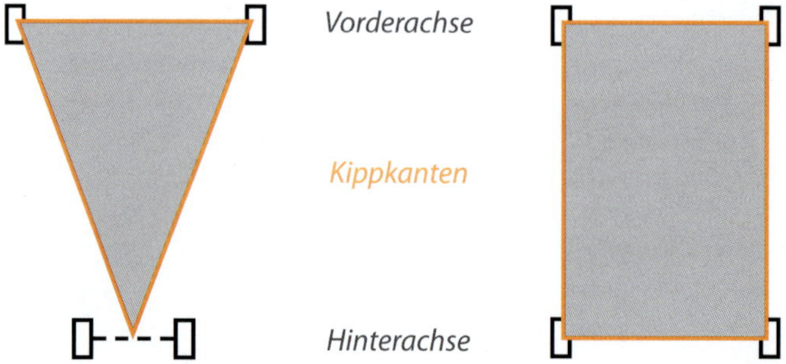

Standsicherheitsdreieck Standsicherheitsviereck

Den Fahrzeugschwerpunkt können wir nicht beeinflussen. Die Lage des Lastschwerpunkts verändert sich allerdings mit der Einstellung des Teleskoparms. Dadurch und je nach Lastgewicht verändert sich die Lage des Gesamtschwerpunktes.

Gerät der Gesamtschwerpunkt der Maschine über die **Kippkanten** hinaus, besteht Kippgefahr zur Seite, nach vorne oder nach hinten.

Deshalb ist auch genauestens nach Herstellerangaben in den Tragfähigkeitsdiagrammen zu arbeiten, denn gerade bei ausgefahrenem Ausleger befindet sich der Lastschwerpunkt weit außerhalb der Kippkanten. Je weiter die Last von der Standfläche weg ist, desto weiter bewegt sich auch der Gesamtschwerpunkt zu den Kippkanten.

Eine **schräge Aufstellung** der Maschine (v. a. seitliche Neigung) bedeutet ebenfalls erhöhte Kippgefahr, da sich der Schwerpunkt hin zur (bergabwärts gelegenen) Kippkante verschiebt. Deshalb darf das Fahrzeug auch nur in waagerechter Aufstellung betrieben werden.

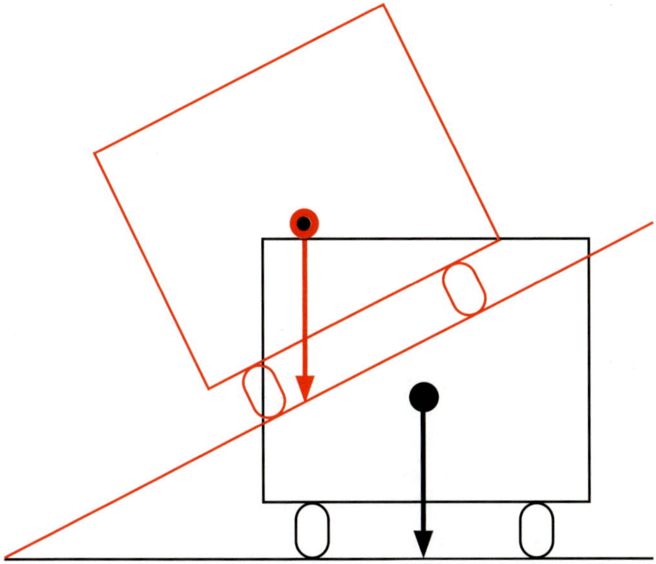

Verschiebung des Schwerpunktes zu den Kippkanten bei nicht waagerechter Aufstellung der Maschine

Tragfähigkeit

Die Tragfähigkeit gibt an, wie viel Lastgewicht die Teleskopmaschine in einer bestimmten Einsatzsituation heben kann. Sie wird durch den Hersteller vorgegeben.

Sie müssen sich vor erstmaligem Bedienen ausreichend über die Tragfähigkeitsangaben informieren, um die Maschine bestimmungsgemäß verwenden zu können. Aussagen dazu finden Sie in der Betriebsanleitung der Maschine, aber auch an der Maschine selbst. Dort muss ein **Tragfähigkeitsdiagramm** (auch Traglast-, Tragkraft- oder Lastdiagramm genannt) angebracht sein. Dieses müssen Sie „lesen" können.

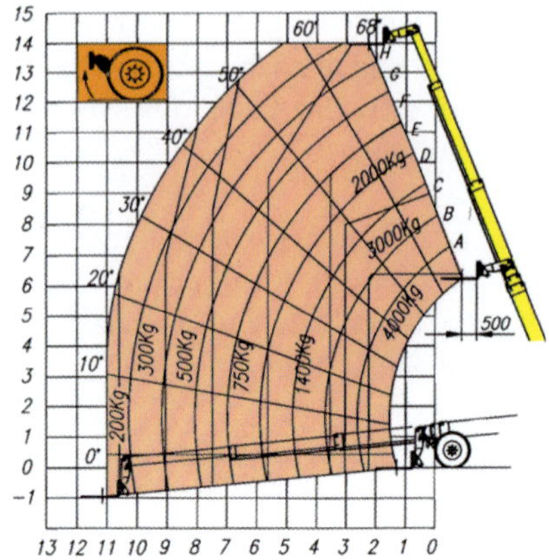

Tragfähigkeitsdiagramm eines Teleskopstaplers mit Kennzeichnung für den Einsatz mit nicht abgestützter Vorderachse

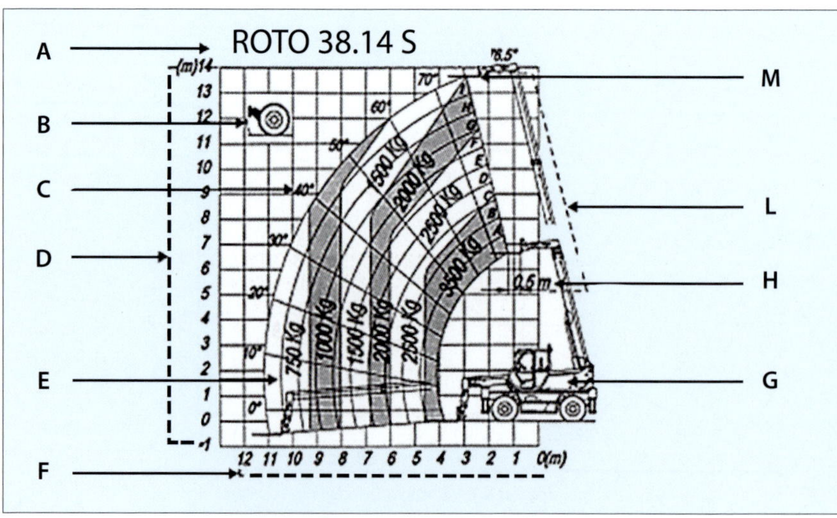

Tragfähigkeitsdiagramm einer Teleskopmaschine mit drehbarem Oberwagen, ausgestattet mit Standardgabeln

A = Name der im Lastdiagramm dargestellten Maschine

B = Angabe, ob die Maschine abgestützt ist. - Dieses Symbol heißt „Nicht abgestützt"

C = Angabe des Hubwinkels des Teleskoparms

D = Angabe der Hubhöhe des Teleskoparms

E = Angabe der Bereiche der Tragfähigkeit der Maschine

F = Angabe der Ausladungslänge des Teleskoparms

G = Richtungsweisende Zeichnung der Maschine

H = Angabe des Schwerpunktes der auf den Gabeln angehobenen Last (LSA)

L = Ausladung des Teleskoparms der Maschine

M = Zeichnung des auf dem Anbaurahmen installierten Anbaugerätes (in diesem Fall Gabeln)

Dabei gelten die Grundsätze:

- **Je weiter der Teleskoparm ausgefahren ist, desto geringer ist die Tragfähigkeit.**
- **Je höher der Lastschwerpunkt liegt, desto geringer ist die Tragfähigkeit.**
- Bei Maschinen mit **Abstützungen** muss das passende Tragfähigkeitsdiagramm verwendet werden (durch Symbol gekennzeichnet).
- Bei Maschinen mit **drehbarem Oberwagen** kann die Tragfähigkeit je nach Ausrichtung des Oberwagens variieren.
- Die Tragfähigkeit verändert sich, wenn ein Anbaugerät verwendet wird. Es ist das Diagramm des Anbaugeräteherstellers miteinzubeziehen.

Tragfähigkeit nie überschreiten, auch nicht kurzzeitig.

Wird ein **Anbaugerät** verwendet, reduziert sich die effektive Tragfähigkeit der Teleskopmaschine allein durch dessen Eigengewicht, das bei der Tragfähigkeit abgezogen werden muss. Es verbleibt also immer nur eine **Resttragfähigkeit**.

Über die Eigenheiten, das Gewicht, Veränderung des Lastschwerpunktabstandes (→ Seite 62) etc. muss der Hersteller des Anbaugerätes in seiner Betriebsanleitung Auskunft geben.

Beim Heben von **Schüttgut,** z. B. mit einer Schaufel, ist das genaue Lastgewicht meist nicht bekannt. Wie viel Schüttgut in einer **Schaufel** wiegt, hängt ab von verschiedenen Faktoren:

- Größe / Volumen der Schaufel
- Füllstand der Schaufel
- Art des Schüttguts wie Erde, Sand, Kies (unterschiedliche Dichte in kg pro m^3)
- Feuchtigkeit des Schüttguts: Feuchtes / nasses Schüttgut ist schwerer als trockenes.
- Verdichtung: Verdichtetes Schüttgut ist schwerer als aufgelockertes.

Die Schaufel allein hat ein erhebliches Eigengewicht.

Bei Erdarbeiten gilt (DGUV I 208-059):

- Schüttgut nur mit eingezogenem Teleskoparm aufnehmen, sonst kann die Maschine beschädigt oder überlastet werden.
- Schüttgut langsam und nicht plötzlich auskippen.

Vorsicht geboten ist auch beim Transport **hängender Lasten** oder **Flüssigkeiten.** Ob man will oder nicht: Sie bewegen sich. Hier empfiehlt sich immer: Weniger Last als theoretisch möglich!

Denken Sie bei der Ermittlung der Tragfähigkeit nicht nur daran, wie Sie die Last aufnehmen, sondern auch daran, wo die Last abgestellt werden muss.

Wenn eine Last nah am Fahrzeug aufgenommen aber weit entfernt abgestellt werden soll, dann muss dies schon bei der Lastaufnahme berücksichtigt werden.

Wenn Sie sich nicht an die Tragfähigkeitsangaben halten, kann die Maschine beschädigt werden und umkippen. Auch kann die Last herunterstürzen und Personen oder die Umgebung treffen. In einem solchen Fall ist der Bediener in der Verantwortung!

Vor dem Einsatz

Ordnungsgemäße Arbeitskleidung und PSA zur eigenen Sicherheit

Kleidung / PSA

Sicherheitsbewusstes Arbeiten beginnt bereits vor dem eigentlichen Einsatz bei der Auswahl der Kleidung.

Kleidung darf bei der Arbeit **nicht hinderlich** sein. Vermeiden Sie bspw. allzu weite Ärmel oder Hosenbeine. Gleiches gilt für das Tragen langer offener Haare oder von Schmuck – verzichten Sie während der Arbeit zu Ihrer eigenen Sicherheit darauf.

Das Tragen von **auffälliger Kleidung** (reflektierend, Warnweste) ist sinnvoll – insbesondere, wenn Sie bei Dämmerung oder in der Dunkelheit arbeiten.

Sicherheitsschuhe sollten immer getragen werden, auch wenn dies der Unternehmer nicht angeordnet hat.

Andere PSA ist stets dann zu tragen, wenn eine Gefahr droht, z. B.

- Gehörschutz in Lärmbereichen

Kennzeichnung eines Lärmbereichs mit Hinweis auf Gehörschutzbenutzung

- Schutzhelm bei Gefahr von oben (z. B. in Lagerbereichen oder auf Baustellen)
- Schutzhandschuhe, wenn z. B. mit scharfkantigen Lasten umgegangen wird
- Schutzbrille, z. B. bei Gefahr austretender Flüssigkeiten bei Wartungsarbeiten
- PSA gegen Absturz in der Arbeitsbühne

Für Arbeiten unter besonderen Bedingungen oder Umgebungen sollten **zusätzliche Schutzausrüstungen** getragen bzw. vom Unternehmer zur Verfügung gestellt werden, so bei staubiger Umgebung z. B. Staubmasken. Auch spezielle Kleidung ist dann angebracht (z. B. bei Abbrucharbeiten).

Ordnet der Unternehmer (z. B. in einer Betriebsanweisung) oder der Hersteller (in der Betriebsanleitung) PSA an, ist das Tragen Pflicht.

Beim Arbeiten in einer Arbeitsbühne ist **PSA gegen Absturz** erforderlich, (→ Seite 79).

Schutzbrille, Schutzhandschuhe, Helm – hier bei Wartungsarbeiten am Fahrzeug

Denken Sie daran:
Es ist Ihr Körper, den Sie schützen.

Spezialkleidung und Staubmasken bei Abbruch-/Abrissarbeiten

Tägliche Einsatzprüfung

Der Fahrer muss seine Maschine, deren Anbaugeräte und auch Anschlagmittel täglich vor Arbeitsbeginn einer **Sicht- und Funktionsprüfung** unterziehen. Auch nach längerer Arbeitsunterbrechung oder bei Schichtwechsel sollte ein „kurzer Rundumcheck" vorgenommen werden.

Dies dient nicht nur Ihrer eigenen Sicherheit, sondern auch der Ihrer Kollegen oder anderer außenstehender Personen im Umfeld der Maschine.

Bei der täglichen Einsatzprüfung sollten u. a. Lenkung, Bremsen, Reifen, Schläuche, Sicherheitseinrichtungen (wie z. B. der Gurt) und Flüssigkeitsstände (Öl, Motorkühlanlage) gecheckt werden – Letzteres insbesondere dann, wenn sich unter dem Fahrzeug Pfützen befinden, die z. B. auf Leckagen an Schläuchen hinweisen.

Die Prüfung sowie festgestellte Mängel sollten von Ihnen dokumentiert werden. Ein Betriebs-Kontrollbuch ist hierbei hilfreich.

Mängel sind dem Vorgesetzten zu melden (ArbSchG § 16, DGUV V1 § 16).

Bei sicherheitsrelevanten Mängeln darf die Maschine nicht eingesetzt werden (BetrSichV § 5).

Hilfe für den täglichen Check, als Aufkleber erhältlich.

Eine gute Dokumentation dient auch Ihrer eigenen Absicherung – deshalb gehört zu jeder Maschine ein Betriebs-Kontrollbuch.

Dies gilt auch für Mängel, die während des Betriebs festgestellt werden. Bei sicherheitsrelevanten Mängeln ist eine Entscheidung des Vorgesetzten abzuwarten.

Zu Ihrer eigenen Sicherheit sollten Sie auch Ihre PSA täglich kontrollieren. Das gilt besonders für die lebenswichtige PSA gegen Absturz, wenn Sie das Fahrzeug mit Arbeitsbühne einsetzen.

Neben der täglichen Einsatzprüfung ist die Maschine auch mindestens jährlich durch eine **befähigte Person** / einen Sachkundigen einer umfangreichen Prüfung zu unterziehen (→ Seite 97). Diese „Sachkundigen-Prüfung“ ersetzt nicht die tägliche Prüfpflicht des Bedieners.

Sicheres Arbeiten mit der Maschine

Gefahrenbereich

Der **Arbeitsbereich** einer Maschine ist dort, wo mit ihr gearbeitet wird – also der Bereich, in dem

- die Maschine abgestellt ist (Abstellbereich) und die Abstützungen postiert sind,
- der Teleskoparm und der Oberwagen gedreht werden,
- die Last aufgenommen bzw. abgesetzt wird,
- Personen in einer Arbeitsbühne arbeiten.

Der **Schwenkbereich** ist der maximale Bereich, in dem der Teleskoparm nach vorne ausgefahren bzw. um die Achse des Fahrzeuges bewegt werden kann.

Über den Schwenkbereich hinaus geht der **Gefahrenbereich**.

1. Beispiel:
Eine hängende Last wird mit einem Lasthaken aufgenommen und geschwenkt. Durch die entstehenden Fliehkräfte schwingt die Last nach außen. Dieser (zusätzliche) Bereich muss bei der Absperrung bzw. dem Abstandhalten zur Maschine berücksichtigt werden.

2. Beispiel:
Die Teleskopmaschine nimmt Schüttgut in einer Schaufel auf. Bei einer Drehung kann durch die Fliehkraft Schüttgut nach außen geschleudert werden und weiter fliegen als der Schwenkbereich. Also ist auch hier ein Abstand über den Schwenkbereich hinaus geboten.

Hier ist auch der (weit) entfernte Bereich, wo die Last ausgeladen wird, ein Gefahrenbereich.

Den Gefahrenbereich müssen Sie immer im Auge behalten, da Sie für ihn verantwortlich sind.

Bei Personen im Gefahrenbereich: Stopp!

Da von einer Teleskopmaschine immer Gefahren ausgehen, sind beim Arbeiten **Sicherheitsabstände** zur Umgebung einzuhalten. Dieser Sicherheitsabstand muss **zu festen Teilen der Umgebung mindestens 0,5 m** betragen, z. B. beim Abstützen einer Teleskopmaschine in der Nähe einer Hauswand. Wird er nicht gewahrt, besteht Quetschgefahr z. B. beim Drehen des Oberwagens, wenn sich zwischen Maschine und den festen Teilen der Umgebung Personen aufhalten. Auch beim Vorbeifahren an Gegenständen und Wänden sollte dieser Abstand eingehalten werden.

Der **Abstand zu Personen**, an denen vorbeigefahren wird, sollte mindestens **0,75 m** betragen, da sich Personen bewegen und so die Gefahr steigt, dass sie eingeklemmt oder umgestoßen werden. Diese Gefahr ist besonders groß auf Baustellen, wo viele Personen nebeneinander arbeiten.

Im Vorfeld ist auch zu klären, ob ein **Arbeitsbereich abgesperrt werden muss**, wenn von ihm eine Gefahr ausgeht. Das kann z. B. der Fall sein, wenn mit einer Arbeitsbühne gearbeitet wird, aus der Teile herabfallen können (→ Seite 75).

Beengter Arbeitsbereich, in dem sich keine Personen um die Maschine aufhalten dürfen.

Aufsichtsperson am Boden als „Umfeldsicherung"

Ebenso kann dieser Gefahrenbereich durch eine **Aufsichtsperson** kontrolliert werden. Setzt der Bediener einen Helfer ein, trägt er für ihn Verantwortung. Auch vom Helfer darf keine Gefahr ausgehen. Zudem muss der Geräteführer ihn „im Blick haben", damit er ihn nicht gefährdet. Eine Verständigung zwischen beiden Personen sollte ebenfalls gegeben sein.

Sichtverhältnisse

Es darf nur dann gefahren werden, wenn ausreichende Sicht auf die Fahrbahn besteht (DGUV Vorschrift 68 "Flurförderzeuge" § 12).

Eine Grundvoraussetzung dafür ist, dass die Scheiben sauber sind. Ansonsten kann der Gefahrenbereich nicht

Ein Blick aus der Fahrerkabine zeigt die schwierigen Sichtverhältnisse rechts neben dem Teleskoparm.

ausreichend beobachtet werden. Auch der bodennahe Transport von Lasten dient einer besseren Sicht über die Last nach vorne.

Beim **Transport großflächiger Lasten:** Wenn eine Last die Sicht nach vorne versperrt, darf trotzdem nicht mit hoher Last gefahren werden – der hochliegende Last- und damit Gesamtschwerpunkt würde die Standsicherheit gefährden. Für eine bessere Sicht ist dann rückwärts zu fahren. Dabei muss sich der Fahrer „richtig" umdrehen.

Bei Dunkelheit / Dämmerung ist für ausreichende Sicht zu sorgen, indem die Arbeitsscheinwerfer eingeschaltet werden.

Aufgrund der **toten Winkel** v. a. durch den Teleskoparm wird ein freier Blick dennoch erschwert.

Fahrer-Assistenzsysteme

Spiegel oder **Kameras** ermöglichen das Einsehen von toten Winkeln – so gibt es Kameras mit 360° Rundumblick um das Fahrzeug, die dem Fahrer die Umgebung auf einem Monitor zeigen. Aber wie der Name schon sagt: Es sind Assistenzsysteme und kein Ersatz dafür, sich durch Umschauen selbst ein Bild zu machen.

Das Gleiche gilt für den Einsatz einer **Rückfahrkamera**. Auch sie ist kein Ersatz für das Umdrehen. Geschieht ein Unfall, der durch Umdrehen hätte vermieden werden können, haften Sie als Fahrer.

Beim rückwärts Ausparken das Umdrehen nicht vergessen.

In manchen Fällen kann es unumgänglich sein, rückwärts zu fahren, um eine bessere Sicht auf die Fahrstrecke zu haben. Aufgrund der zusätzlichen körper-

Spiegel an einer Teleskopmaschine

Neigbare Fahrerkabine für eine ergonomische Sicht nach oben

Fahrerplatz samt Kabine hebbar

lichen Belastung sollte das aber nicht überwiegend (also bei mehr als 50 % der Fahrten) der Fall sein – wäre dies so, müssten Ihnen von Ihrem Unternehmer die erwähnten Hilfsmittel wie Spiegel oder Kameras zur Verfügung gestellt werden.

Freie Sicht nach oben ist erforderlich, um sicher zu arbeiten.

Auch der Einsatz von **erhöhten** oder **neigbaren Fahrerkabinen**, die dem Fahrer einen besseren und ergonomischeren Blick auf das Arbeitsfeld geben, kann sinnvoll sein.

Einweiser

Kann trotz aller Maßnahmen (eigene Sicht, Assistenzsysteme) die Sicht nicht ausreichend hergestellt werden, ist eine **Hilfsperson / Einweiser** hinzuzuziehen (→ Seite 71 ff.).

Öffentlicher Verkehrsraum

Was für den innerbetrieblichen Einsatz gilt, gilt erst recht für den **öffentlichen Straßenverkehr** (→ Seiten 80 ff.). Auch hier ist ein Befahren nur dann erlaubt, wenn es die Sichtverhältnisse zulassen (StVO § 23). Deshalb ist neben anderen Maßnahmen der Teleskopausleger vor Fahrtbeginn komplett einzufahren und auf der dafür vorgesehenen Abstützung aufzulegen.

Bodenbelastung

Die Maschine ist nur auf tragfähigem Untergrund abzustellen und zu betreiben.

Die Maschine übt eine Kraft auf den Boden aus. Dabei ist nicht nur das Gewicht der Maschine und der Last relevant sondern auch zusätzliche Kräfte, die z. B. beim ruckartigen Anheben oder Pendeln der Last entstehen.

All diese Kräfte verteilen sich über die Standfläche und erzeugen einen Druck im Boden. Arbeitet die Maschine auf Rädern, ist die Kontaktfläche der Räder maßgebend für den Bodendruck. Ist sie abgestützt, dann ist die Fläche der Abstützungen oder Unterlegplatten entscheidend. Wenn der Boden dem Druck nicht standhalten kann, sinkt die Maschine ein.

Deshalb: Niemals auf weichem und nachgebendem Boden aufstellen (z. B. Sand, Kies oder Naturboden wie Wiesen) – zumindest nicht ohne ausreichend dimensionierte **Unterlegplatten**. Ggf. vor dem Einsatz die richtige Größe der Platten ermitteln, damit man sie am Einsatzort parat hat.

Beispiel zur Veranschaulichung:
Das Überqueren einer Rasenfläche mit Turnschuhen ist einfacher und sicherer als mit Stöckelschuhen. Das Körpergewicht drückt beim Absatz auf eine wesentlich kleinere Auflagefläche – der Bodendruck ist dadurch viel höher – und der Absatz sinkt ein.

Trägt der Boden? Steht das Fahrzeug sicher auf den Abstützungen? – Das ist vor dem Hub zu ermitteln.

Haben Sie Zweifel an der Tragfähigkeit des Bodens (z.B. auf Baustellen nach erheblichem Regen), müssen Sie den verantwortlichen Vorgesetzten zu Rate ziehen und entscheiden lassen.

Tipp:
Wenn Sie bereits mit Ihren Arbeitsschuhen im Boden einsinken, dann sollte die Teleskopmaschine dort gar nicht erst eingesetzt werden.

Zu beachten ist ferner, dass das Fahrzeug nicht unmittelbar an **Bodenöffnungen, Ablaufrinnen oder Gullys** abgestellt wird – auch dort besteht häufig keine ausreichende Tragfähigkeit.

Arbeiten mit Abstützungen

Durch das Abstützen wird die Teleskopmaschine zusätzlich stabilisiert. Je nach Bauweise sind vier Abstützungen oder nur zwei Abstützungen an der Vorderachse vorhanden.

Besteht eine Vorderachsabstützung, sind die beiden Räder der Vorderachse, bei beidachsiger Abstützung alle 4 Räder vom Boden freizuheben.

Je nach Lastgewicht und Position der Last sind die Kräfte, die auf die Abstützungen wirken, unterschiedlich. Im Extremfall kann fast das komplette Gesamtgewicht auf nur einer Stütze lasten.

Auf Naturboden sind je nach Maschinen- und Lastgewicht Unterlegplatten nötig.

Teleskopstapler mit Vorderradabstützung: Beide Räder komplett vom Boden gelöst

Standfläche bei vollständiger Abstützung

Beim Abstützen gibt es deshalb verschiedene Aspekte zu beachten:

- Die Maschine nur auf **tragfähigem Untergrund** abstützen, nicht auf sandigen Naturböden oder Schlamm. Die Bodenverhältnisse sind vor dem Abstützen zu überprüfen.
- Zusätzlich **Unterlegplatten** unter den Abstützungen verwenden. Je größer diese sind, desto standsicherer ist die Maschine, da sich die Kraft über ein größere Fläche auf den Boden verteilt.
- Beim Aufstellen der Maschine einen **Sicherheitsabstand von 0,5 m** zur Umgebung einhalten.
- Beim Ausfahren der Abstützungen keine Personen in der Nähe dulden und Stützen beobachten.
- Beim Ausfahren der Abstützungen müssen die **Räder vom Boden gehoben** werden. Die Räder nicht als zusätzliche Abstützung benutzen (wie dies z. B. bei Lkw-Ladekranen üblich ist)!
- Die **waagerechte Aufstellung** überprüfen, z. B. durch die Wasserwaagenanzeige (Dosenlibelle) in der Fahrerkabine.
- Die Angaben des richtigen **Tragfähigkeitsdiagramms** für den abgestützten Zustand beachten (→ Seite 38 ff.).

Um Fehler beim Abstützen zu vermeiden, gibt es **Sicherheitssysteme,** die die Kräfte messen, die auf die Abstützungen wirken und daraus den Gesamtschwerpunkt ermitteln. Ist die Standsicherheit gefährdet, sind nur noch Bewegungen möglich, die das Lastmoment verringern (z. B. der Einzug des Teleskoparms).

Machen Sie sich mit den Sicherheitseinrichtungen vor dem ersten Einsatz vertraut!

Hinweis:
Diese Einrichtung ist nur ein Assistenzsystem für den Bediener. Es ersetzt nicht das vorherige Ermitteln von Lastgewicht, Bodenverhältnissen oder das Lesen von Traglastdiagrammen!

Ziel ist immer, dass man in der Praxis auch ohne Sicherheitseinrichtungen auskommt, denn wenn die Systeme ansprechen, wird bereits grenzwertig gearbeitet – und das sollte vermieden werden.

Vorsicht bei Abstützung auf unterschiedlichen Bodenniveaus – vor Arbeitsbeginn immer den waagerechten Stand der Maschine überprüfen.

Arbeiten an Böschungen, Baugruben, Gräben, Bodenöffnungen, Vertiefungen

Gerade auf Baustellen wird häufig an Baugruben oder Gräben gearbeitet. Hier muss der **Untergrund ausreichend tragfähig** sein, was an den Rändern nicht gegeben ist.

Es gelten deshalb folgende **Mindestabstände** zu den Böschungs-/Grubenrändern etc. (s. DIN 4124):

- Fahrzeuge ≤ 12 t = 1 m
- Fahrzeuge > 12 t (bis 40 t) = 2 m

Der folgende **Böschungswinkel** (β) darf jeweils nicht überschritten werden:

- nicht erdige oder weiche, bindige Böden (z. B. Sand, Steine, Kies): 45°
- steife oder halbfeste bindige Böden (z. B. Lehm oder Ton): 60°
- Fels: 80°

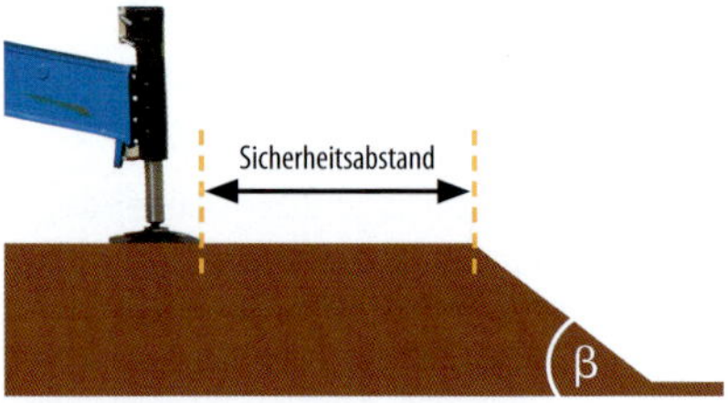

Böschungswinkel „β", einzuhaltender Sicherheitsabstand (nach DIN 4124)

Die Abstände bei **verbauten Baugruben und Gräben** (sog. waagerechter Normverbau) lauten:

Sind die vorgegebenen Abstände eingehalten, darf gearbeitet werden.

- Fahrzeuge ≤ 12 t ≥ 0,6 m
- Fahrzeuge > 12 t (bis 18 t) ≥ 1,0 m

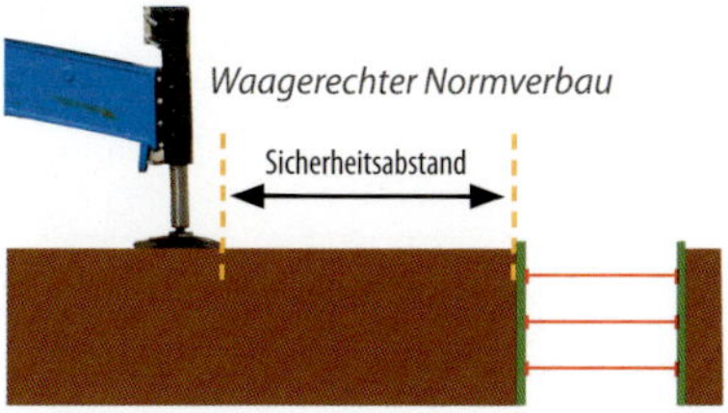

Bodenöffnungen und Vertiefungen sollten abgedeckt oder verfüllt werden. Besteht Gefahr für Personen, so ist mit einer Umwehrung abzusichern.

Soll die Maschine auf einer Abdeckung abgestellt werden, muss diese ausreichend tragfähig sein.

Arbeiten unter Windeinfluss

Eine Maschine mit einem Windmesser (Anemometer) auszustatten bzw. vor Ort bereitzuhalten, ist die sicherste Methode zur **Feststellung der Windstärke**.

Anemometer am Ausleger eines Fahrzeugkrans

Windstärke		Windgeschwindigkeit		Auswirkung des Windes im Binnenland
Beaufort-grad	Bezeichnung	m/sec	km/h	
0	Windstille/Flaute	0 – 0,2	1	Keine Luftbewegung, Rauch steigt lotrecht empor
1	leiser Zug	0,3 – 1,5	1 – 5	Kaum merklich, Windrichtung wird nur durch Zug des Rauches angezeigt, aber nicht durch Windfahnen
2	leichte Brise	1,6 – 3,3	6 – 11	Wind im Gesicht spürbar, Blätter rascheln
3	schwache Brise	3,4 – 5,4	12 – 19	Wimpel werden gestreckt, Blätter und dünne Zweige bewegen sich
4	mäßige Brise	5,5 – 7,9	20 – 28	Zweige und dünnere Äste bewegen sich, Staub und loses Papier werden vom Boden gehoben
5	frische Brise	8 – 10,7	29 – 38	Kleinere Laubbäume beginnen zu schwanken
6	starker Wind	10,8 – 13,8	39 – 49	Starke Äste bewegen sich, hörbares Pfeifen an Drahtseilen/Überlandleitungen
7	steifer Wind	13,9 – 17,1	50 – 61	Große Bäume schwanken, fühlbare Hemmung beim Gehen gegen den Wind
8	stürmischer Wind	17,2 – 20,7	62 – 74	Zweige brechen von den Bäumen, Gehen im Freien erheblich erschwert
9	Sturm	20,8 – 24,4	75 – 88	Kleinere Schäden an Häusern (Dachziegel und Rauchhauben werden von den Dächern gehoben), beim Gehen im Freien erhebliche Behinderung
10	schwerer Sturm	24,5 – 28,4	89 – 102	Bäume werden entwurzelt, bedeutende Schäden an Häusern
11	orkanartiger Sturm	28,5 – 32,6	103 – 117	Heftige Böen, schwere Sturmschäden, Dächer werden abgedeckt, Gehen im Freien ist unmöglich
12	Orkan	32,7 – 36,9	118 – 133	Schwerste Sturmschäden und Verwüstungen

Beaufort-Skala

Ist kein Anemometer vorhanden, muss nach der **Beaufort-Skala** (→ Seite 54) eine „Grobeinschätzung" vorgenommen werden. Im Zweifel zur Sicherheit beim Schätzen lieber eine Windstärke höher ansetzen.

Üblicherweise geben die Hersteller vor, dass bei einer **Windstärke von 12,5 m/s** (entspricht der Stärke 6 auf der Beaufort-Skala) ein **Einsatz nicht mehr stattfinden darf**.

Hinweis:
Bereits ab einzelnen Böen der Stärke 6 ist ein Einsatz abzubrechen bzw. gar nicht erst zu beginnen, nicht erst bei durchgängiger Windstärke 6.

Bei Arbeiten in **größeren Höhen** ist immer mit Windeinfluss zu rechnen.

Auch an **Hallenein- und -durchfahrten** oder in **Häuserfluchten** muss man sich auf Wind einstellen.

Entscheidend für den Einfluss des Windes ist auch, wie viel Angriffsfläche die Last dem Wind bietet. **Großflächige Lasten** geraten durch Wind schnell ins Pendeln.

Der Verantwortliche sollte sich vor Beginn der Arbeiten beim zuständigen Wetteramt über die zu erwartenden maximalen Windgeschwindigkeiten informieren. Sind zu hohe Windgeschwindigkeiten (s. Betriebsanleitung) vorhergesagt, darf eine Last gar nicht erst gehoben werden.

Container bieten eine große Angriffsfläche für Wind, wodurch die Maschine leichter umkippen kann.

In solchen Höhen ist naturgemäß immer mit Wind zu rechnen.

Besonders **gefährlich** ist der Einsatz der Maschine bei Wind mit **Personen in einer Arbeitsbühne**. Hier ist die Windgeschwindigkeit zu beobachten und der Arbeitsvorgang bereits bei Änderung der Wetterverhältnisse einzustellen und die Bühne einzufahren bzw. das Fahrzeug abzurüsten.

Be- und Entladen von Fahrzeugen

Hierbei ist der Lkw-Fahrer einer besonderen Gefahr ausgesetzt. Es muss si-

Wo zu laden ist, bestimmt der Lkw-Fahrer aufgrund des Lastverteilungsplanes des Frachtfahrzeuges.

chergestellt sein, dass er sich nicht im Gefahrenbereich der Teleskopmaschine aufhält.

Vor dem Ladevorgang ist zu klären:

- Ist das Fahrzeug gesichert? (z. B. durch Unterlegkeile)
- Wo darf geladen werden? (Lastverteilungsplan)
- Wie viel darf geladen werden? (Tragfähigkeit des Frachtfahrzeuges / Anhängers)

Dabei hat der Lkw-Fahrer eine Mitwirkungspflicht.

Der Bediener der Teleskopmaschine sollte den Lkw-Fahrer unbedingt darauf hinweisen, dass die Ladung gesichert werden muss, falls dies nicht bereits getan wird. Dies kann u. a. durch formschlüssiges Laden, Zurrgurte oder -ketten geschehen.

Einsatz als Zugmaschine

Im landwirtschaftlichen Betrieb werden Teleskopmaschinen häufig auch als Zugmaschinen eingesetzt. Dabei sind Besonderheiten zu berücksichtigen, v. a. bei einem Einsatz im öffentlichen Straßenverkehr:

- Einhalten von maximaler Anhängerzahl und Anhängergewicht
- Verziehen nur mit vom Hersteller dafür vorgesehener Kupplung
- Betrieb nur mit Vorderachslenkung
- Teleskoparm absenken und einfahren
- Mechanische Sperrung des Oberwagens
- Beachtung rechtlicher Vorgaben (Führerschein, Zulassung, Versicherung, → Seite 82 ff.).

Fahrt mit Anhänger

Teleskopmaschine im Anhängereinsatz – als Zugmaschine

Lastentransport

Mittige Lastaufnahme

Lasten sollten möglichst **mittig** aufgenommen werden. Das bedeutet, dass sich der Lastschwerpunkt auf der **Längsachsmitte** der Teleskopmaschine befindet. Die Längsachsmitte verläuft genau zwischen den Gabelzinken oder auch Vorderrädern.

Asymmetrische Last mit dem Lastschwerpunkt auf der Längsachsmitte

Wird eine Last **außermittig** aufgenommen, droht sie abzugleiten, und es besteht Kippgefahr für das Fahrzeug. Zudem muss die Tragfähigkeit reduziert werden.

Das bedeutet nicht, dass eine Last immer **symmetrisch** transportiert werden muss, d. h. dass die Lastkontur rechts und links gleich weit von der Längsachsmitte entfernt ist.

Eine mittig aufgenommene Last kann auch auf der linken Seite 3 m herausragen, auf der rechten Seite hingegen gar nicht – wichtig ist, dass der Schwerpunkt mittig ist (z. B. beim Transport von Rotorblättern von Windkraftanlagen oder von Maschinen, die einen außermittigen Schwerpunkt haben wie der Hubschrauber auf dem Bild).

Bei dieser zu hebenden Last sieht man mit bloßem Auge, dass sie einen nicht mittigen Schwerpunkt hat.

Die Hersteller gehen bei der Konstruktion ihrer Teleskopmaschinen von einem mittigen Lastentransport aus. Schon geringe **Abweichungen** davon führen dazu, dass nicht mehr die volle Tragfähigkeit ausgeschöpft werden kann.

In der nachfolgenden Tabelle sind die Abweichungen von der Längsachsmitte dargestellt, nach denen eine Lastaufnahme noch als mittig gilt (nach DIN EN 1459):

Zulässige Abweichung von der Längsachsmitte für Teleskopstapler	
Tragfähigkeit in kg	**Zulässige Abweichung in mm**
bis 6.300	bis 100
> 6.300 – 10.000	bis 150
> 10.000 – 20.000	bis 250
über 20.000	bis 350

Bei größeren Abweichungen verbleibt nur noch eine **Resttragfähigkeit**. Wird sie überschritten, ist das Fahrzeug nicht mehr standsicher.

Bodennaher Transport

Ist der Lastaufnahmevorgang beendet, wird der Teleskoparm komplett eingefahren und die Last verfahren.

Dies sollte immer mit tiefliegendem Schwerpunkt der Last geschehen, denn dann ist der Transport sicherer. Man spricht von **bodennahem Transport**.

bodennah / bodenfrei:
Abstand des Lastaufnahmemittels bzw. der Last zum Boden ≤ 50 cm (DGUV V 68 „Flurförderzeuge" § 2 Abs. 10).

Das gilt grundsätzlich für alle Lastaufnahmemittel, ob Gabelzinken, Schaufeln oder andere.

Dabei sind die Bodenverhältnisse zu berücksichtigen, z. B. im Gelände. Aber auch dort gilt der Grundsatz:

Last so tief wie möglich und nur so hoch wie nötig transportieren.

Sie als Fahrer entscheiden, wie hoch die Last verfahren werden muss. Bedenken Sie nur, dass die Standsicherheit mit höherem Lastschwerpunkt niedriger ist.

Bodennaher Transport mit Schaufel

Zusätzlich ist das Lastaufnahmemittel (Gabeln, Schaufeln) leicht zurückzuneigen, damit die Last nicht nach vorne abgleitet.

Der Verfahrvorgang dauert so lange, bis die Lastabstellposition erreicht ist, z. B. das Regal. Erst unmittelbar davor ist das Lastaufnahmemittel samt Last auf die Höhe anzuheben, in der die Last abzustellen ist.

Ein vorzeitiges Anheben der Last bei gleichzeitigem Fahren gefährdet die Standsicherheit und schränkt die Sicht ein.

Erst direkt vor dem Heustapel geht es hoch mit der Last.

Fahren auf Steigungen und schrägen Ebenen

Jede Maschine hat ihre Grenzen, die der Hersteller vorgibt – das gilt auch für das Fahren am Berg und auf schrägen Ebenen.

Nicht nur der Motor und die Bremsen werden dabei stärker belastet, auch die Kippgefahr der Maschine zum Tal hin ist größer.

Um dem entgegenzuwirken, sollte auf einer schrägen Ebene die **Last zum Berg** zeigen. Das bedeutet: Bergauf vorwärts, bergab rückwärts.

Wird mit Last vorwärts bergab gefahren, besteht auch eine höhere **Abrutschgefahr der Last**. Sollte so gefahren werden (müssen), dann nur mit zusätzlich nach hinten geneigtem Anbaurahmen. Damit zeigt die Last nach oben und die Abrutschgefahr ist kleiner.

Beispiel zulässiger Neigungen aus der Betriebsanleitung eines Herstellers

Fahrt im Leerzustand:

- mit Gabeln aufwärts max. 45 % Neigung,
- mit Gabeln abwärts max. 50 % Neigung,
- auf schräger Ebene max. 25 % seitliche Neigung.

Fahrt mit Last:

- max. 35 % Neigung bei Last aufwärts,
- max. 25 % bei Last talwärts,
- max. 10 % seitliche Neigung (in Querrichtung zur Maschine).

Schräglagenkompensator bei Maschine mit drehbarem Oberwagen

Bei **Schrägfahrt (seitliche Neigung)** besteht verstärkt **Kippgefahr** des Fahrzeuges sowie der Last zur Seite – deshalb ist ggf. eine zusätzliche Lastsicherung erforderlich.

Fahrzeuge mit Niveauausgleich (→ Seite 16) können die seitliche Schräge bis zu einer gewissen Neigung ausgleichen.

Betrieb mit Gabelzinken

Müssen die Gabelzinken erst montiert werden, ist darauf zu achten, dass sie vor der Montage auf ebenem und tragfähigem Untergrund abgestellt werden. Erst dann die Montage nach Herstellervorgaben (s. Betriebsanleitung) vornehmen.

Vor dem Beginn der Arbeiten **kontrollieren**, ob die Zinken korrekt befestigt sind.

Lastaufnahme

Vor der Lastaufnahme müssen die **Zinken waagerecht** gestellt und die Last vollständig unterfahren werden.

Lasten möglichst nah am Gabelrücken aufnehmen.

Je weiter entfernt die Last vom Gabelrücken aufgenommen wird, desto größer wird der Lastschwerpunktabstand und desto länger wird der Lastarm. Damit sinkt die Tragfähigkeit.

Der **Lastschwerpunktabstand** (LSA) ist der waagerechte Abstand zwischen Gabelrücken und Lastschwerpunkt.

Die Hersteller gehen in den Tragfähigkeitsdiagrammen meist von einem Lastschwerpunktabstand von 500 mm aus. Wenn dieser tatsächlich aber z. B. 600 mm beträgt, kann entsprechend weniger Gewicht gehoben werden.

Last möglichst vor dem Rangieren in Fahrtstellung bringen (bodennah, Gabeln zurückgeneigt)

Je weiter die Last entfernt ist, desto vorsichtiger müssen Sie arbeiten. Zudem sinkt die Tragfähigkeit der Maschine.

Um eine Last sicher aufzunehmen, sollten die folgenden Schritte nacheinander durchgeführt werden:

1. So nah wie möglich an den Aufnahmeort heranfahren.
2. Den Teleskoparm ausfahren und die Last am Gabelrücken positionieren.
3. Die Last einige Zentimeter anheben und nach hinten neigen.
4. Den Teleskoparm einfahren und senken, bis die Last in Fahrstellung gebracht ist – also **bodennah** und die Gabeln leicht nach hinten geneigt.
5. Sofern erforderlich erst ganz ausrangieren, dann losfahren.

Diese Schritte zu beachten, ist besonders bei weit entfernten und hochgelegenen Lasten wichtig, da die Maschine dabei kippanfälliger ist. Wenn möglich also nicht mit angehobener Last und ausgefahrenem Arm drehen und wenden – es droht **Kippgefahr**.

Nach der Lastaufnahme ist die Last **bodennah** und mit nach hinten **geneigten Gabelzinken** zu transportieren (→ Seite 59)

Last vollständig mit den Gabelzinken bis zum Gabelrücken unterfangen, zudem gesichert

Für das **Absetzen von Lasten** ist der Bewegungsablauf genau umgekehrt durchzuführen.

Vorsicht bei der Arbeit an **Regalen**: Bereits ein leichtes Berühren kann das Regal zum Einsturz bringen. Deshalb sollten Sie jedes Touchieren sofort melden.

Auch Regale dürfen nicht überlastet werden. Halten Sie sich deshalb an die Tragfähigkeitsangaben des Regalherstellers (Fach- und Feldlasten).

An Regalen besonders vorsichtig arbeiten, sodass Last und Gabelzinken das Regal möglichst nicht berühren.

Transport hängender Lasten

Hängende Lasten werden häufig mit Lasthaken und Winde befördert. Dabei müssen die Tragfähigkeitsangaben des Herstellers der Anbaugeräte eingehalten werden.

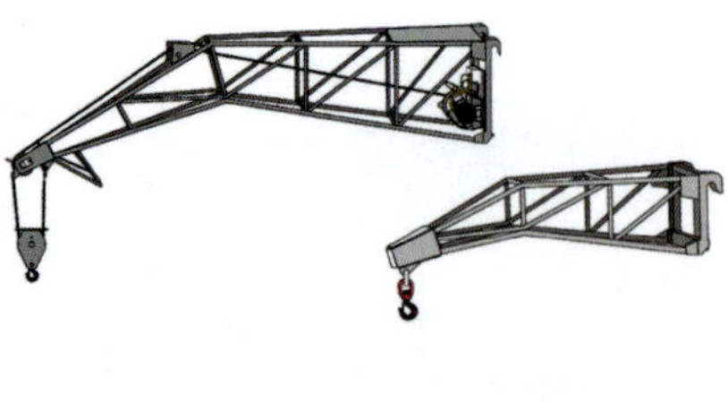

Um hängende Lasten zu transportieren, müssen diese erst angeschlagen werden. Generell gilt dabei: Schlägt der Teleskopmaschinenfahrer selbst die Last an, muss er dies auch gelernt haben bzw. darin unterwiesen worden sein (s. DGUV Regel 109-017).

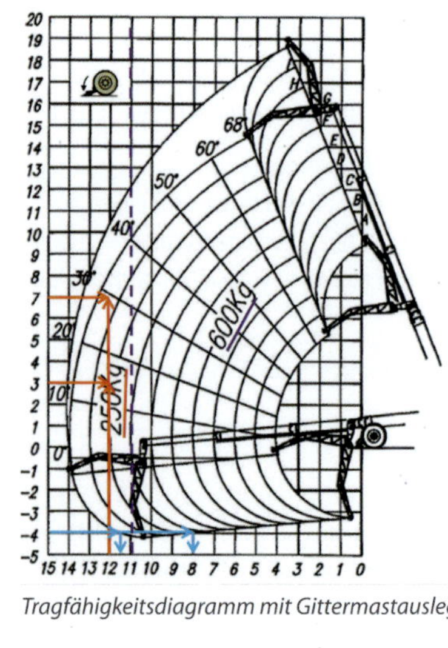

Tragfähigkeitsdiagramm mit Gittermastausleger

Lasten müssen **fachgerecht angeschlagen** werden. Grundvoraussetzung dafür sind die passenden

- **Tragmittel** (Kranhaken mit Sicherheitsverschluss, z. B. Hakenmaulsicherung),
- **Anschlagmittel** (z. B. Kette) und / oder
- **Lastaufnahmemittel** (z. B. Greifer, Kübel).

Anschlagmittel

Anschlagmittel dienen dazu, Lasten mit der Teleskopmaschine zu verbinden. Darunter fallen:

- Ketten
- Seile (Drahtseile, Kunststofffaserseile)
- Hebebänder und Rundschlingen
- Verbindungselemente wie Schäkel

Welche Art von Anschlagmittel mit welcher Tragfähigkeit eingesetzt werden soll, muss vor dem Einsatz geklärt werden. Ein „wird schon halten" ist zu gefährlich. **Im Zweifel lieber ein Anschlagmittel einer höheren Belastungsstufe nehmen.**

Lagerung

Anschlagmittel sind ordnungsgemäß zu lagern und zu pflegen. Dies verhindert Beschädigungen und schnellen Verschleiß. Das heißt:

- **trocken** mit ausreichender Luftzufuhr,
- geschützt vor **Witterungseinflüssen** wie Kälte, Regen, Frost und Hitze (direkte Sonneneinstrahlung),

Einsatz unter Verwendung von Anschlagmitteln

- geschützt vor **aggressiven Stoffen** wie Säuren, Laugen oder Salzen. Dies ist auch bei der Pflege/ Reinigung zu beachten.

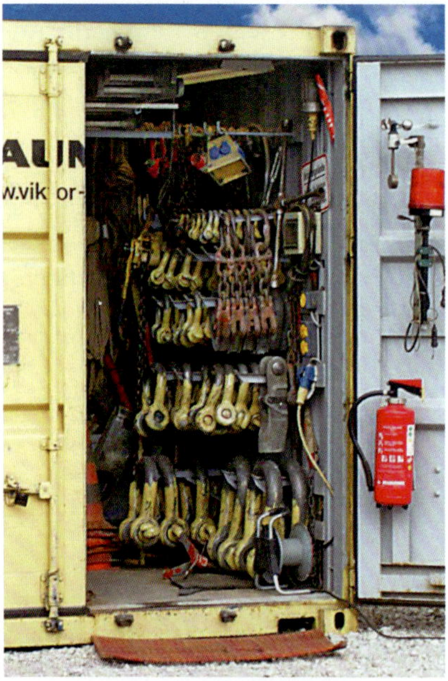

Saubere und gegen Witterungseinflüsse geschützt gelagerte Anschlagmittel – zudem diebstahlgeschützt durch Verschließen des Containers auf der Baustelle

> **Hinweis:**
> Reinigungsmittel immer verschließen. Ansonsten verdunsten sie und können die Haltbarkeit von Anschlagmitteln im gleichen Raum verkürzen.

Tägliche Überprüfung

Anschlagmittel sind vor Arbeitsbeginn einer genauen **Kontrolle** zu unterziehen (→ Seite 43). Ablegereife Anschlagmittel dürfen nicht mehr benutzt werden. Sie sind auszusortieren, und es ist dafür zu sorgen, dass sie nicht mehr verwendet werden können (z. B. Bänder durchschneiden).

Ablegereife

Ablegereif ist ein Anschlagmittel z. B., wenn

- Kettenglieder gebrochen sind (schon eines genügt),
- eine Kette stark verformt oder gelängt ist (mehr als 3 % der Nennlänge),
- Litzen bei Stahldrahtseilen gebrochen sind,
- das Seil gequetscht ist,
- Hebebänder stark verformt oder tragende Nähte beschädigt sind.

Eine fehlende oder unleserliche **Kennzeichnung** eines Anschlagmittels sollte vor Weiterbetrieb dringend von einer befähigten Person oder dem Hersteller wiederhergestellt werden.

Ordnungsgemäß gekennzeichnetes Hebeband

Anschlagarten

Die Last bestimmt die Anschlagart :

- Sind die Oberflächen rau oder glatt?
- Ist die Last empfindlich / zerbrechlich?
- Besteht die Last aus einem oder mehreren (z. B. gebündelten) Teilen?
- Gibt es scharfe Kanten?
- Sind bereits Anschlagpunkte vorgesehen?
- Ist sie heiß?

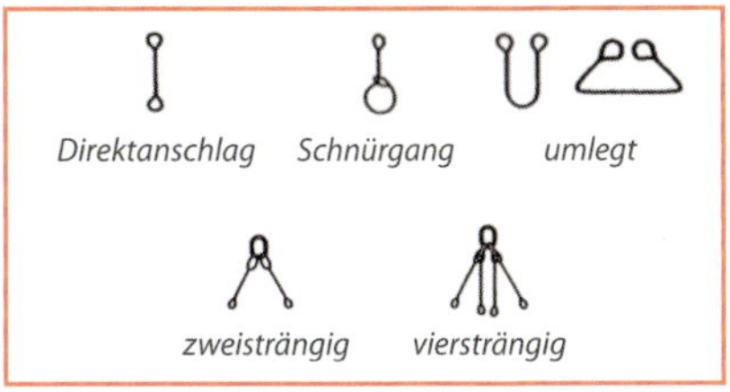

Aus DGUV I 209-061 S.14

Beim **Schnürgang** ist die Tragfähigkeit um 20 % zu reduzieren, da durch das Schnüren zusätzliche Beanspruchung im Anschlagmittelstrang entsteht.

Bei mehrsträngigem Anschlag darf nur unter einem Neigungswinkel von maximal 60° angeschlagen werden

Ansonsten wird die Kraft in den einzelnen Strängen zu groß und das Anschlagmittel könnte reißen.

Auch Zubehörteile zu Anschlagmitteln wie Schäkel, Kauschen oder Spleiße müssen diese Kräfte aushalten.

Zweistranganschlag mit eingehaltenem Neigungswinkel β (unter 60°)

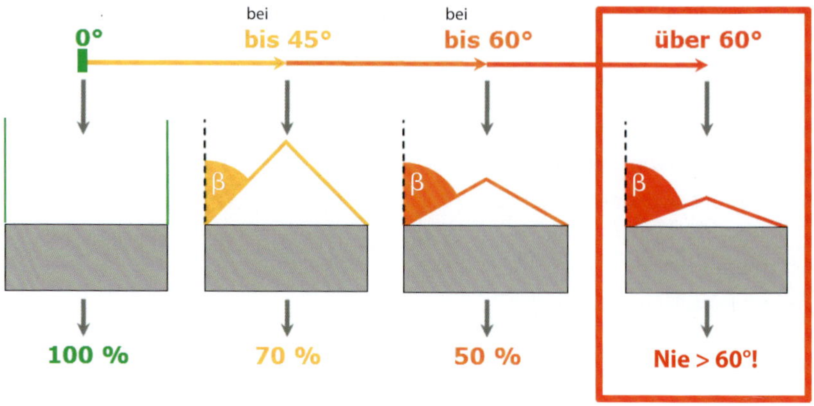

Darstellung des Neigungswinkels in Abhängigkeit der Tragfähigkeit. Beispiel: Bei 60° Neigungswinkel darf nur noch 50 % der ursprünglichen Tragfähigkeit gehoben werden.

Der **Neigungswinkel** ist der Winkel zwischen einer lotrecht gedachten Linie und dem Anschlagmittelstrang.

Immer dann, wenn die Anschlagmittelstränge nicht gleichmäßig belastet werden (z. B. bei asymmetrischen Lasten mit außermittigem Schwerpunkt), darf beim 2-strängigen Anschlag nur 1 Anschlagmittelstrang, bei 3- oder mehrsträngigem Anschlag maximal 2 Stränge als tragend angenommen werden.

3-strängiger Anschlag einer asymmetrischen Last (Schwerpunkt nicht mittig) – hier dürfen nur 2 Stränge als tragend angenommen werden.

Obwohl z. B. 4 Stränge verwendet werden, muss dann in der Belastungstabelle beim Zweistranganschlag abgelesen werden.

Gefahren beim Anheben von Lasten

Beim Aufnehmen und Abstellen von Lasten ist u. a. wegen der Pendelgefahr der **Gefahrenbereich um die Last frei zu halten.** Personen, die sich dort aufhalten, haben sich zu entfernen.

Pendeln

Lasten sind immer **lotrecht anzuheben**, ansonsten entsteht ein bestimmungswidriger **Schrägzug** (ab einem Winkel von 6°). Das bedeutet, dass das Tragmittel (meist Kranhaken) genau lotrecht über dem Schwerpunkt der Last positioniert werden muss. Ansonsten wird die Last nach dem Anheben sofort zu pendeln beginnen, was die Maschine zusätzlich belastet - sie kann umstürzen.

Wenn die Last ins **Pendeln** gerät, sollte man nicht mit der Hand versuchen, sie zu stoppen. Dies kann dazu führen, dass man umgeworfen oder eingequetscht wird.

Stattdessen können Sie Folgendes tun:

- Last vorsichtig wieder absetzen, wenn dies gefahrlos und ohne Beschädigung möglich ist.
- Der Pendelbewegung mit dem Teleskoparm nachfahren. Dies verlangt viel Übung.
- Last auspendeln lassen.

Lotrechtes Anheben eines Betonkübels, Bediener steht mit der Fernbedienung außerhalb des Gefahrenbereichs.

Herabfallen von Teilen

Auf der Last dürfen keine losen Teile transportiert werden.

Diese können beim Hubvorgang herunterfallen. Meist ist dann nicht mehr genügend Zeit zu reagieren. Fällt ein Gegenstand aus 4 m Höhe von der Last, erreicht er den Boden in weniger als 1 Sekunde und hat beim Aufprall eine Geschwindigkeit von über 30 km/h.

Auch kleine Gegenstände wie Schrauben oder Schraubendreher können beim Herabfallen wie „Geschosse“ wirken. Deshalb sollte bei Gefahr von oben immer **Helm** getragen werden.

Sollen Kleinteile oder Werkzeug einzeln gehoben werden, hat dies in dafür vorgesehenen **Behältnissen** zu erfolgen, z. B. in einer kranbaren Gitterbox.

Entsprechend gilt für den Transport von **Schüttgut** in Kübeln: Nicht bis zum Rand vollladen und die Last langsam bewegen. Bei ruckartigem Bewegen ist die Gefahr groß, dass Schüttgut herausfällt. Deshalb sollte gerade auf Baustellen, wo ein Überschwenken von Personen leider oft unvermeidbar ist, die Last bzw. das Lastaufnahmemittel zusätzlich unterfangen werden, z. B. mit einem engmaschigen Netz (DGUV V 52 § 30 Abs. 9).

Werden **mehrere Lasten** gemeinsam transportiert, müssen sie vorher zu einer Einheit verbunden und gesichert werden.

Sicherer Transport von Werkzeug, Baumaterial und Kleinteilen

Losreißen, Schleifen, Drücken und Ziehen von Lasten

Gerade auf Baustellen im Winter gilt: Lasten **nicht losreißen**, z. B. festgefrorene Baustahlmatten. Dazu ist die Maschine nicht ausgelegt. Die Kräfte, die dabei plötzlich frei werden, sind nicht zu beherrschen. Die vorhandenen Sicherheitseinrichtungen der Maschine (z.B. Lastmomentbegrenzer) können hierbei nicht wirken. Dadurch können Schäden an Fahrzeug, Anschlagmittel oder Last auftreten. Sogar die Gefahr des Umkippens des Fahrzeuges besteht.

Gleiches gilt für das **Schleifen, Drücken und Ziehen** von Lasten. Auch dies ist kein bestimmungsgemäßer Einsatz, da dabei Kräfte in horizontaler

Richtung entstehen, für die die Maschine nicht gebaut wurde.

Lasten nicht losreißen, schleifen, drücken oder ziehen.

Arbeiten mit Hilfspersonen (Einweiser, Anschläger)

Der Maschinenführer kann Hilfspersonen wie Einweiser und Anschläger benennen, die ihn bei der Arbeit unterstützen. Für diese Hilfsperson sind Sie als Maschinenführer verantwortlich.

Wenn Sie die Hilfsperson nicht mehr sehen: STOPP!

Erst nach Wiederherstellung des Sichtkontaktes dürfen Sie weiterfahren/-arbeiten. Das Nichtbeachten dieses Grundsatzes hat schon einige Kollegen die Gesundheit oder sogar das Leben gekostet (sie wurden angefahren oder überrollt, nachdem sie stürzten).

Eine **eindeutige Kommunikation** zwischen Hilfsperson und Maschinenführer ist ausschlaggebend für die sichere Zusammenarbeit. Dabei können **Handzeichen** oder Anweisungen per **Funk/Handy** gegeben werden. In beiden Fällen ist es wichtig, dass die Kommandos eindeutig sind. Ein Arbeiten auf Verdacht ist zu gefährlich.

1

Anfang/Achtung/Vorsicht

2

Halt/nicht weiterbewegen

3

Halt/Gefahr

4

Langsam

5

Heben/auf

6

Senken/ab

7

Abfahren

8

Heranfahren

9

Entfernen

10

Rechts fahren

11

Links fahren

12

Abstandsverringerung anzeigen

Quelle: BG RCI

Solche Arbeiten bedürfen genauer Koordination.

Sprechen Sie sich also vor dem Einsatz ab, welche Zeichen und Kommandos verwendet werden.

Bei Anweisungen über Funk darf es keine Frequenzüberschneidung geben. Ansonsten muss eine Verwechslung von Personen ausgeschlossen werden (z. B. durch Verwendung von Kennwörtern).

Es sollte jeweils nur eine Hilfsperson Anweisungen erteilen. Falls **mehrere Personen** nötig sind, legen Sie klar fest, wer für welche Aufgabe zuständig ist und wer wann die Anweisungen gibt. Die Benennung eines **Koordinators** ist dann sinnvoll.

Hilfspersonen sollten sich optisch eindeutig vom Umfeld abgrenzen, z. B. durch reflektierende Warnkleidung.

Anschläger

Werden Lasten nicht durch den Maschinenführer angeschlagen, hat dies durch Anschläger zu geschehen, die **bezüglich des Anschlagens von Lasten hinreichend geschult sind.**

Ist der Anschläger mit dem Anschlagen der Last fertig, gibt er dem Ma-

Bestell-Nr. FA10

Fachausweis für Anschläger von Lasten im Hebezeugbetrieb

Reg.-Nr. ______________________

(für interne Zwecke, z. B. Personal-, Lehrgangsnummer o. Ä.)

Arbeitsaufträge sind von jedem Unternehmen neu zu erteilen.
Für weitere Aufträge o. dgl. ist ein Ergänzungsblatt erhältlich.
**** Nichtzutreffendes in den jeweiligen Rubriken streichen.***

Ausgabe 2024
© 2009, Resch-Verlag, Dr. Ingo Resch GmbH,
Maria-Eich-Straße 77, D-82166 Gräfelfing,
Telefon: 089 85465-0, www.resch-verlag.com

Alle Rechte vorbehalten.
Nachdruck – auch auszugsweise – nicht gestattet.

Nach einer Qualifizierung zum Anschläger sollte man einen solchen Ausweis erhalten.

Während der Anschläger arbeitet, darf sich die Maschine nicht bewegen.

schinenführer ein eindeutiges Zeichen zum Anheben. Vor diesem Zeichen darf nicht angehoben werden. Der Hubvorgang ist ebenfalls zu unterbrechen, wenn der Maschinenführer Zweifel daran hat, ob die Last ordnungsgemäß angeschlagen wurde.

Einweiser

Ein Einweiser ist immer dann nötig, wenn **keine ausreichende Sicht** besteht. Dies kann der Fall sein, wenn der Ort, an dem die Last aufgenommen / abgestellt werden soll, nicht eingesehen werden kann. Das Einweisen kann auch der Anschläger übernehmen. Ebenfalls kann ein Einweiser / Anschläger beim Transport von hängenden Lasten die Last führen. Dabei sollte er links schräg versetzt vor der Teleskopmaschine im Sichtfeld des Maschinenführers gehen und ein Führseil nutzen, um nicht direkt an der Last zu stehen. Dadurch kann der Maschinenführer bei einem Stolpern noch rechtzeitig reagieren und verhindert ein Überrollen.

Ist der Abstellort aus der Maschine nicht einsehbar, ist mit Einweiser zu arbeiten.

Arbeitsbühneneinsatz

Personen dürfen mit Teleskopmaschinen nur in einer dafür vorgesehenen Arbeitsbühne befördert werden. Dabei sollten nur integrierte Arbeitsbühnen eingesetzt werden, bei denen die Steuerung aus der Bühne heraus erfolgt und keine Arbeitsbühnen, die lediglich mit Gabelzinken aufgenommen werden, bei denen der Fahrer die Bühne aus der Fahrerkabine bewegt und eine zweite Person in der Bühne arbeitet (s. TRBS 2121 Teil 4).

Langsam an das Gerüst herantasten und Abstand wahren, um Quetschgefahren zu vermeiden.

Ein anderweitiges Befördern von Personen, z. B. in der Fahrerkabine (zusätzlich zum Fahrer), auf der Teleskopmaschine (z. B. auf der Auftrittsstufe) sowie auf der Last ist strengstens verboten.

Da mit der Arbeitsbühne häufig in großen Höhen gearbeitet werden muss, ist vom Unternehmer / Verantwortlichen vor dem ersten Einsatz zu überprüfen, ob der Bediener dazu **körperlich geeignet** ist. Das kann er selbst feststellen oder sich eines Arztes bedienen, der eine Untersuchung veranlasst (DGUV Empfehlung für arbeitsmedizinische Untersuchungen „Arbeiten mit Absturzgefahr", früher G 41).

Weitere Einsatzvorgaben sind:

- Arbeitsbühne genau nach den Herstellervorgaben (s. **Betriebsanleitung**) anbringen.
- Einwandfreie Verbindung zur Teleskopmaschine prüfen (z. B. Steckverbindung und hydraulische Schnellkupplung).
- Einsatz von Arbeitsbühnen nur mit Abstützungen.
- Boden vor Ausfahren der Abstützungen auf Tragfähigkeit prüfen - wenn nötig Unterlegplatten verwenden.

- Fahrzeug und Bühne **waagerecht** positionieren und Position kontrollieren (Blick auf Wasserwaagenanzeige im Führerhaus).
- Fahrtrichtungshebel auf neutral stellen – ebenfalls das Getriebe. Danach Feststellbremse anziehen und den Motor ausschalten, das Fahrzeug verlassen und die Kabinentür schließen.
- Stellen Sie sicher, dass die Hubarbeitsbühne **nur von der Bühne aus bedient** werden kann und ein Steuern aus der Fahrerkabine ausgeschlossen ist.

Absicherung des Gefahrenbereichs

Hier darf niemand durch herabfallende Zweige verletzt werden.

Je nach Arbeitsbereich kann es erforderlich sein, die Arbeitsstelle zu sichern bzw. abzusperren. Das gilt sowohl innerbetrieblich als auch beim Einsatz im öffentlichen Verkehrsraum (→ Seite 80 ff.).

Vom Fahrzeug und der Arbeitsbühne darf keine Gefahr ausgehen. So muss verhindert werden, dass jemand über die Abstützungen stolpert. Das heißt auch, dass der Bediener den Vorgang des Ein- bzw. Ausfahrens der Stützen zu beobachten und im Gefahrenfall sofort zu stoppen hat. Beim Aufstellen müssen deshalb auch **0,5 m Sicherheitsabstand** zur Umgebung eingehalten werden (→ Seite 45).

Auch ist zu verhindern, dass Außenstehende durch das Arbeiten in der Bühne gefährdet werden.

Beispiel:
Aus der Bühne heraus werden Schleifarbeiten an einer Fassade vorgenommen. In diesem Fall ist auch der Bereich unter der Bühne abzusperren bzw. der Gefahrenbereich, wo Fassadenmaterial hinfallen könnte. Denn prallt auch nur ein kleiner Stein aus mehreren Metern Höhe auf den Kopf eines Passanten, kann dies erhebliche Verletzungen verursachen (→ Seite 70)!

Auch ohne Absperrung gilt: Ein Aufenthalt unter der Bühne ist verboten.

Fahrertür fest verschlossen, Bodenverhältnissen Rechnung getragen durch zusätzliche Stützteller.

Für den Geräteführer gilt uneingeschränkt, dass er für das Bedienen und Beobachten des Gefahrenbereichs verantwortlich ist. Der Geräteführer kann Helfer einsetzen, die das Umfeld absichern.

Bestimmte Arbeitsorte bedürfen besonderer Sicherheitsmaßnahmen, z. B. im öffentlichen Straßenverkehr (Richtlinien für die Sicherung von Arbeitsstellen an Straßen – RSA).

Ein Fahrzeugbediener bzw. Einsatzkräfte, die dort arbeiten und sichern sollen, sind hierüber vom Verantwortlichen / Unternehmer gesondert zu unterweisen.

Tragfähigkeit

Jede Arbeitsbühne ist nur für eine begrenzte **Anzahl von Personen** und eine eingeschränkte Zuladung ausgelegt. Diese Daten befinden sich an der

Arbeitsbereich kenntlich gemacht und gesichert. Achtung, auch den Heckausschlag des Oberwagens berücksichtigen!

Arbeitsbühne und in der Betriebsanleitung. Dort steht auch die **maximale Tragfähigkeit** der Bühne.

Die Personenanzahl in der Bühne nicht überschreiten, auch wenn die maximale Tragfähigkeit noch nicht erreicht ist.

Personen – anders als die Zuladung, wie z. B. eine Werkzeugkiste – bewegen sich. Erhöhte Kippgefahr!

Hier sind maximal 3 Personen in der Bühne erlaubt. Zusammen mit der Zuladung dürfen 300 kg nicht überschritten werden.

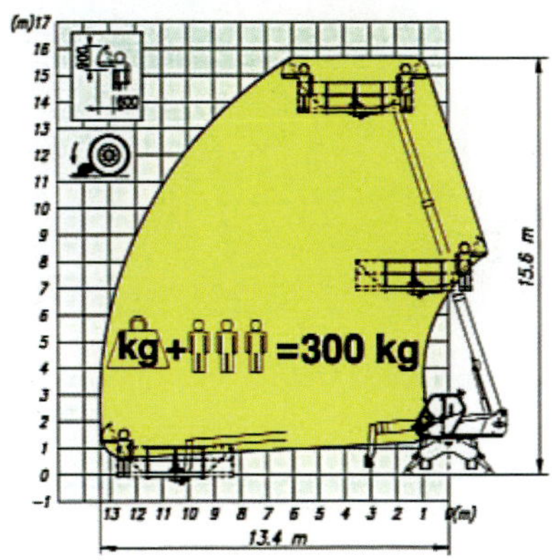

Arbeiten in der Bühne

Ein Verfahren der Teleskopmaschine mit Personen in der angehobenen Bühne ist verboten. Es gilt der Grundsatz: **Das Fahrzeug fährt <u>oder</u> hebt.**

Ein **Schwingen der Arbeitsbühne ist zu vermeiden.** Deshalb dürfen keine Gegenstände in die oder von der Bühne geworfen werden (wie z. B. schweres Werkzeug oder Material, das verbaut werden soll).

Gefährlich ist es auch, wenn zu **starke Druck- oder Zugbewegungen** in der Bühne stattfinden, z. B. Arbeiten mit dem Bohrhammer oder das Heranziehen von abgesägten Ästen. Diese Kräfte muss die Bühne und letztendlich die gesamte Maschine auffangen. Das kann insbesondere gefährlich werden, wenn der Teleskoparm sehr weit ausgefahren ist und in großer Höhe gearbeitet wird.

Nicht zu weit aus der Bühne herauslehnen.

Das ist extrem gefährlich und zudem verboten!

Nicht den Standplatz erhöhen, indem z. B. auf den mitgeführten Werkzeugkasten oder auf die Zwischenstreben gestiegen wird. Die Umwehrung der

Bühne als Absturzsicherung ist so nicht mehr wirksam und die Absturzgefahr ist hoch.

Dieses Vorhaben ist auch dann tabu, wenn im Korb mit **PSA gegen Absturz** gearbeitet wird, da ein Herausfallen / Herauskippen aus dem Korb immer mit einer erheblichen Verletzungsgefahr verbunden ist.

Die Arbeitsbühne ist **keine Transport- und Lagerfläche für Lasten** – auf die zulässigen Zuladungsvorgaben des Herstellers achten!

Die Bühne ist auch **kein Kran**, an den Gegenstände angehängt werden dürfen, um sie zu transportieren oder herunterzulassen.

Ausnahme:
Der Hersteller sieht an der Bühne eine entsprechende Lastaufnahmeeinrichtung zum Heben von Lasten vor und gibt diese Arbeit als bestimmungsgemäß frei.

Vorsicht, wenn zugleich mit anderen Arbeitsmitteln in der Nähe der Bühne gearbeitet wird, z. B. mit einem Kran, der Material anliefert, das der Kollege aus der Bühne verbauen muss. Ein Anstoßen der Bühne oder der Person in der Bühne ist extrem gefährlich.

Die Arbeitsbühne darf **in der Höhe grundsätzlich nicht verlassen** werden, z. B. zum Ausstieg auf ein Dach oder in ein Gebäude. Dies ist **nur absolut ausnahmsweise mit doppelter Sicherung** (sog. Zweiseilsicherung) und spezieller Gefährdungsbeurteilung erlaubt (s. DGUV I 208-019 Punkt 6.4) und nur dann, wenn es nicht eine andere, ungefährlichere Möglichkeit bzw. ein anderes, geeigneteres Arbeitsmittel gibt, das eingesetzt werden kann.

Zwei Teleskopmaschinen arbeiten zusammen. Hier ist Koordination gefragt.

PSA gegen Absturz

PSA gegen Absturz ist immer dort einzusetzen, wo der Hersteller oder der

Arbeiten mehrere Personen in einer Bühne, haben sie alle Sicherheitsgeschirr zu tragen.

Gekennzeichneter Anschlagpunkt für eine Person

Betreiber es in der **Betriebsanleitung oder Betriebsanweisung vorsieht**.

Die Hersteller von Teleskopmaschinen fordern in der Regel den Einsatz von PSA gegen Absturz.

Sie soll in erster Linie dazu dienen, den Bediener in der Bühne zu halten und einen Sturz aus ihr zu verhindern. Sie ist also ein Rückhaltesystem. Keinesfalls ist sie dazu gedacht dass der Bediener glaubt, durch das Anlegen nun sicher aus der Bühne aussteigen zu können.

Bei der Beschaffung von PSA ist darauf zu achten, dass sie eine **CE-Kennzeichnung** aufweist (s. PSA-BV § 2). Sie darf sonst in Deutschland nicht verkauft bzw. eingesetzt werden.

Da diese PSA nicht Bestandteil der Maschinenausstattung ist, hat sie der Betreiber zu beschaffen. **Der Unternehmer hat diesbezüglich zu unterweisen** (inklusive praktischer Übungen) und seine Mitarbeiter anzuweisen, sie zu tragen (Betriebsanweisung) sowie das Tragen zu kontrollieren (s. PSA-BV, DGUV V 1 §§ 29-31).

Der Bühnenbediener sollte immer bedenken: Mit der PSA schütze ich meine eigene Gesundheit.

Vom Hersteller dafür vorgesehene und gekennzeichnete **Anschlagpunkte** sind zu verwenden.

PSA – v. a. die gegen Absturz – ist vor jedem Einsatz zu **kontrollieren** und nach dem Einsatz sorgsam zu verwahren, damit sie keinen Schaden nimmt. Sie ist vor schädigenden Einflüssen wie Hitze, Kälte, Feuchtigkeit oder Gewalt (wie Überfahren mit Baumaschinen oder Last darauf abstellen) zu schützen.

Einsatz im öffentlichen Verkehrsraum

Unter öffentlichem Verkehrsraum versteht man Bereiche, die **für jedermann zugänglich** sind und auch als solche genutzt werden, also z. B. Straßen, Wege und Plätze. Aber auch Baustellen oder Betriebsgelände können öffentlich sein, wenn sie ohne Hinderung (z. B. durch eine Absperrung oder Umzäunung) betreten werden können.

Ein angebrachtes Schild „Betreten verboten" oder „Achtung Betriebsgelände" reicht alleine nicht aus, um die Öffentlichkeit „auszuschließen". Das Gelände wäre immer noch öffentlich.

Der Ausschluss der Öffentlichkeit bedarf drei Voraussetzungen:

1. **Beschränkungswille**: Ein Betriebsinhaber will die Öffentlichkeit ausschließen.
2. **Beschränkungsvorkehrung**: Anbringen von Zäunen, Schranken, Türen, Toren.
3. **Beschränkungskontrolle**: Überwachung der Beschränkungsvorkehrung, also z. B. Einsatz von Sicherheitspersonal zur Kontrolle des Betriebsgeländes, eines Pförtners an Schranken oder Verwendung von Sicherheitskarten an Werkseingängen.

Ein Feldweg – auch das kann öffentlicher Verkehrsraum sein.

Ein mit Zaun, Schranke, Pförtner und individueller Zugangskontrolle versehenes Betriebsgelände ist ein nicht öffentlicher Verkehrsraum.

Auch durch **temporäre Beschränkung** (= vorübergehende zeitliche Beschränkung) kann nicht-öffentlicher Verkehrsraum hergestellt werden, wie durch Absperrung eines öffentlichen Bereichs durch Warnbaken, Flatterband und Kontrollperson (z. B. zu Instandhaltungsarbeiten mit einer Teleskopmaschine an einem Gebäude).

Hinweis:
Das Absperren öffentlichen Verkehrsraumes bedarf grundsätzlich einer Genehmigung der örtlich zuständigen Behörde (z. B. Ordnungsamt).

Führerschein

Für das **Fahren mit Teleskopmaschinen** im öffentlichen Verkehrsraum gelten spezielle Voraussetzungen.

Mehr Informationen über den Einsatz im öffentlichen Straßenverkehr gibt es in der passenden Broschüre vom Resch-Verlag.

Welcher Führerschein benötigt wird, hängt von der **bauartbedingten Höchstgeschwindigkeit** ab:

- **< 6 km/h:**
  Es wird kein Führerschein benötigt. Teleskopmaschinen fahren allerdings in der Regel schneller.
- **zwischen 6 und 25 km/h:**
  mindestens den L-Führerschein.
  Dieser ist nicht abhängig vom zulässigen Gesamtgewicht der Maschine.
- **> 25 km/h:**
  - B-Führerschein bis zu einer Gesamtmasse von 3.500 kg
  - C1-Führerschein bei einer Gesamtmasse von mehr als 3.500 kg bis 7.500 kg
  - C-Führerschein ab einer Gesamtmasse von über 7.500 kg (ab 21 Jahren)

Geregelt ist dies in der Fahrerlaubnisverordnung – FeV.

Der L-Führerschein ist Bestandteil des B- bzw. C (C1)-Führerscheines.

Hinweis:
Bauartbedingte Höchstgeschwindigkeit bedeutet, dass das Fahrzeug von der Bauweise und Konstruktion nicht schneller fahren kann. - Nicht ausreichend ist, dass am Einsatzort Geschwindigkeitsbegrenzungen festgelegt werden.

Der Führerschein ist zusätzlich erforderlich. Er ersetzt nicht den Fahrausweis (→ Seite 25).

Das **Fahren ohne gültigen Führerschein** im öffentlichen Verkehrsraum ist eine Straftat.

Land- und forstwirtschaftlicher Einsatz

Ist eine Teleskopmaschine als **Zugmaschine für land- und fortwirtschaftlichen Einsatz zugelassen**, gelten Ausnahmen. Dafür muss sie aber **tatsächlich so eingesetzt** werden.

Dies ist der Fall bei Fahrten für Landwirtschaft, Forstwirtschaft, Baumschulen, Tierhaltung, Gartenpflegefahrten, sowie auch Fahrten, die mit diesen Tätigkeiten zusammenhängen wie z. B. Werkstattfahrten (FeV § 6 Abs. 5).

Die benötigten Führerscheine unabhängig vom Fahrzeuggewicht sind dann je nach bauartbedingter Höchstgeschwindigkeit:

Höchstgeschwindigkeit	Führerscheinklasse
≤ 40 km/h ohne Anhänger	L
≤ 25 km/h mit Anhänger	L
≤ 60 km/h ohne Anhänger	T
≤ 40 km/h mit Anhänger	T

Hinweis:
Der L- und T-Führerschein kann schon mit 16 Jahren erworben werden. Für Teleskopmaschinen gilt aber unverändert:
Ein selbstständiges Fahren ist erst ab 18 Jahren zulässig (→ Seite 21).

Eine landwirtschaftliche Zugmaschine mit Anhänger erfordert je nach bauartbedingter Höchstgeschwindigkeit den L- (0 – 25 km/h) oder den T-Führerschein (> 25 km/h).

Betriebserlaubnis, Zulassung, Ausnahmegenehmigung, Versicherung

Teleskopmaschinen brauchen für den öffentlichen Straßenverkehr eine **Betriebserlaubnis**: Allgemeine Betriebserlaubnis (ABE) oder Einzelbetriebserlaubnis, wenn der Hersteller keine ABE mitgeliefert hat (StVZO § 20).

Bis 20 km/h bauartbedingter Höchstgeschwindigkeit wird **keine Zulassung und kein amtliches Kennzeichen** benötigt. Teleskopmaschinen müssen allerdings über eine Halterkennzeichnung auf der linken Seite des Fahrzeuges und Schilder mit der bauartbedingten Höchstgeschwindigkeit links, rechts und hinten verfügen (FZV § 4, StVZO § 58).

Geschwindigkeitskennzeichnung an Teleskopmaschine für den öffentlichen Straßenverkehr

Fahrzeuge > **20 km/h** benötigen sowohl eine **Zulassung** als auch ein **amtliches Kennzeichen** (FZV § 4 Abs. 4).

Anhänger in land- und forstwirtschaftlichen Betrieben sind zulassungsfrei,

- wenn es sich um land- oder forstwirtschaftliche Arbeitsgeräte handelt,
- wenn sie nur für land- oder forstwirtschaftliche Zwecke verwendet werden und mit einer Geschwindigkeit von nicht mehr als 25 km/h hinter Teleskopmaschinen mitgeführt werden.

Bei der Frage der **Versicherung** des Fahrzeuges ist zwischen der Pflichtversicherung und der freiwilligen (Betriebshaftpflicht-)Versicherung zu unterscheiden.

Die **Pflichtversicherung** richtet sich bei den Teleskopmaschinen nach der Zulassung. Wenn also eine Zulassungspflicht (amtliches Kennzeichen) besteht, besteht auch eine (gesetzliche) Versicherungspflicht.

Das ist deshalb so wichtig zu wissen, da das Fahren im öffentlichen Verkehr ohne Pflichtversicherung auch eine Straftat für den Fahrer (nicht nur für den Halter) darstellt (PflVG § 6), und zwar auch, wenn er es nicht wusste.

Ohne Zulassungspflicht sollte man die Teleskopmaschine in der **Betriebshaftpflichtversicherung** mitversichern. Ein Unfall mit dem Fahrzeug ist ansonsten nicht versichert und Fahrer sowie Halter können mit ihrem eigenen Vermögen haften.

> **Hinweis:**
> Es ist eine Gesetzesänderung geplant, nach der bereits ab 6 km/h eine Versicherungspflicht besteht.

Je nach Fahrzeug oder Fahrzeugkombination (mit Anhänger) kann für das Fahren im öffentlichen Verkehrsraum eine **Ausnahmegenehmigung** erforderlich sein (nach StVZO § 70, FZV § 47). Sie ist immer dann nötig, wenn das Fahrzeug von den straßenverkehrsrechtlichen Vorschriften abweicht, z.B. bezüglich Länge, Breite, Höhe, Gewicht oder bei Sichteinschränkungen (s. StVO

Dieser Anhänger dient rein land- und forstwirtschaftlichen Zwecken und ist damit zulassungsfrei (sofern er nicht schneller als 25 km/h gezogen wird).

§ 29). Das kann auch der Teleskoparm auf der rechten Seite des Fahrzeuges sein.

Eine Ausnahmegenehmigung kann mit Auflagen verbunden sein (StVZO § 71). Dies können z. B. sein:

- Fahren ohne Gabelzinken / Anbaugeräte,
- gelbe Rundumleuchte muss vorhanden und eingeschaltet sein,
- Tragfähigkeitsreduzierung.

Der Antrag für eine Ausnahmegenehmigung ist bei der zuständigen Straßenverkehrsbehörde zu stellen.

Verhalten im öffentlichen Straßenverkehr

Wird im öffentlichen Verkehrsraum gefahren, unterliegt der Fahrzeugführer den gleichen Bestimmungen (StVG, StVO, StVZO etc.) wie andere Verkehrsteilnehmer. Begeht er Verstöße, drohen ihm gleichermaßen Bußgeld, Punkte, Fahrverbot oder gar der Entzug der Fahrerlaubnis.

Er muss die notwendigen Unterlagen bei sich führen (Führerschein, Betriebserlaubnis, ggf. Ausnahmegenehmigung); auch eine Warnweste.

Die Teleskopmaschine muss wie jedes andere Fahrzeug **ausgestattet** sein (mit Lichtanlage, Kennzeichen oder Geschwindigkeits- und Halterkennzeichnung, Warndreieck, Verbandskasten etc.).

Gemäß StVZO für den öffentlichen Straßenverkehr ausgerüstete Fahrzeuge, z. B. mit Lichtanlage

Der Fahrzeugführer muss die Teleskopmaschine bewegen, wie es der Hersteller (und ggf. die Ausnahmegenehmigung) vorsieht, also:

- Teleskopausleger vollständig einfahren und auf den dafür vorgesehenen Abstützungen auflegen.

Fahrzeug mit StVZO-Ausstattung für den öffentlichen Straßenverkehr als Zugmaschine – Fahrt mit vollständig abgesenktem und eingezogenem Teleskoparm

- Oberwagen mechanisch gesichert.
- Fahrertür geschlossen.
- Vorderradlenkung eingestellt.
- Bei Fahrt mit Schaufel hat diese leer zu sein, Lasten in der Schaufel dürfen nicht transportiert werden.

- An gefährlichen Ecken und Kanten sind am Fahrzeug Sicherungen anzubringen, wie z. B. ein Schneidkantenschutz an der Schaufel.

Diese Maßnahmen dienen auch dazu, die Sichtverhältnisse nicht mehr als nötig einzuschränken.

Sie müssen jederzeit freie Sicht auf die Fahrbahn / Ihr Arbeitsumfeld haben (→ Seite 46 ff.).

Auch hier gilt: **Zu allererst ist es der Fahrer, der für eine sichere und vorschriftsgemäße Fahrt zu sorgen hat (StVO § 23)!**

Aber auch der **Fahrzeughalter**, dem die Teleskopmaschine gehört, ist für den Betrieb im öffentlichen Verkehr verantwortlich (StVZO § 31).

Beispiel der gemeinsamen Verantwortung:
Ein Unternehmer / Fahrzeughalter lässt die Teleskopmaschine im öffentlichen Straßenverkehr fahren, obwohl er weiß, dass der Fahrer nicht die dazu erforderliche Fahrerlaubnis (z. B. L- oder C-Führerschein) besitzt.

Ergebnis: Fahrer und Halter haften beide und zwar strafrechtlich!

Nach dem Einsatz

Abstellen der Maschine

Der Maschinenführer ist solange für die Teleskopmaschine verantwortlich, bis er sie vollständig und sicher außer Betrieb setzt.

Erst wenn die Maschine sicher geparkt, der Schlüssel abgezogen, die Kabine verschlossen und der Schlüssel verwahrt wurde, ist der Betrieb der Maschine beendet.

Es muss ausgeschlossen sein, dass ein Unbefugter die Maschine in Gang setzen kann.

Beispiele:

- Wird das Fahrzeug vor der Mittagspause auf einem Verkehrsweg abgestellt und der Schlüssel stecken gelassen, liegt nach wie vor ein Betrieb vor.
- Gleiches gilt, wenn das Gerät abgestellt wird, um ein Tor zu öffnen, eine Ladung zu kontrollieren oder einen Anhänger anzukuppeln. Auch in diesem Fall ist der Fahrer noch für sein Fahrzeug verantwortlich.

Hier mal eben den Fahrerplatz verlassen, um einem Kollegen bei anderer Tätigkeit zu helfen, ist zu gefährlich und außerdem verboten.

- Die Maschine wird auf einer Rampe abgestellt und der Fahrer verlässt kurzzeitig die Kabine, um einem Kollegen zu helfen. Da die Handbremse nicht angezogen wurde, rollt die Maschine die Rampe herunter und richtet einen Schaden an. Dafür ist der Fahrer verantwortlich, obwohl er nicht im Fahrzeug saß, da auch dieser Vorgang einen Betrieb der Teleskopmaschine darstellt.

Für das **Verlassen des Fahrzeuges** gelten deshalb folgende Grundsätze:

- Immer die **Feststellbremse** anziehen, auch auf ebener Fläche oder bei nur kurzzeitigem Verlassen der Maschine.
- Entfernen Sie sich bei laufendem Motor nicht von der Maschine, haben Sie sie immer im **Blickfeld**.
- Entfernen Sie sich nicht vom Fahrzeug, solange **Lasten** nicht sicher abgestellt sind, erst recht nicht, wenn der Teleskoparm ausgefahren oder angehoben ist.
- Das Fahrzeug nur auf ausreichend **tragfähigen Untergründen** abstellen (→ Seite 49 ff.).

Abgestelltes Fahrzeug: Außerhalb des Verkehrsweges, Teleskoparm eingefahren, Lastaufnahmemittel Gabelzinken abgesenkt. Darauf achten, die Räder geradezustellen.

Beim Parken ist zusätzlich Folgendes zu beachten:

- Vom geparkten Fahrzeug darf **keine Gefahr** ausgehen, deshalb z. B. Gabelzinken ganz absenken.
- Den Motor des geparkten Fahrzeuges abstellen.
- Das Fahrzeug nicht auf **schrägen Ebenen** parken. Ist es nicht anders möglich, **Unterlegkeile** verwenden, um es zusätzlich gegen Fortrollen zu sichern.
- Nicht dort parken, wo die Maschine ein **Hindernis** darstellen kann, wie auf Verkehrswegen oder vor Türen. **Verboten** ist es **vor Notausgängen, in Feuerwehrzufahrten** etc. Wenn dadurch eine Rettung verhindert wird, haftet der Geräteführer.
- Den **Zündschlüssel immer abziehen, Fahrerkabine abschließen und Schlüssel sicher verwahren,** damit **kein Unbefugter** (auch Kollegen oder Azubis) an das Fahrzeug kann. Es dient auch der **Diebstahlsicherung auf Baustellen**.
- Besteht bei **Dunkelheit** Anstoßgefahr, muss die Maschine zusätzlich gesichert und ggf. beleuchtet werden, so insbesondere im öffentlichen Verkehrsraum.

Ordnungsgemäß abgestelltes Fahrzeug am Rande eines Parkplatzes

Sondereinsätze

Arbeiten nahe elektrischer Leitungen

Arbeiten an elektrischen Anlagen und Betriebsmitteln dürfen nur von dafür ausgebildetem Personal durchgeführt werden. Das sind Elektrofachkräfte sowie elektrotechnisch unterwiesene Personen unter deren Leitung und Aufsicht.

Soll an einer elektrischen Anlage gearbeitet werden, muss sichergestellt sein, dass sie vor Arbeitsbeginn **spannungslos** geschaltet und **gegen Wiedereinschalten gesichert** ist (z. B. durch ein Vorhängeschloss am Stromschalter).

Wird mit Teleskopmaschinen **in der Nähe von Freileitungen** gearbeitet, sind unbedingt **Mindestabstände** einzuhalten. Diese sind spannungsabhängig.

Nennspannung	Si-Abstand
bis 1.000 V	1,0 m
über 1 kV bis 110 kV	3,0 m
über 110 kV bis 220 kV	4,0 m
über 220 kV bis 380 kV	5,0 m
unbekannt	5,0 m

Bei unbekannter Spannung beträgt der Mindestabstand 5 m zur Leitung.

Anmerkung:
Hersteller raten dazu, zu elektrischen Freileitungen immer einen Abstand von 5 m einzuhalten. Dieser Rat kann nur unterstützt werden.

Denn nicht nur das Berühren einer Stromleitung ist lebensgefährlich. Bei elektrischen Freileitungen über 1.000 Volt Nennspannung **kann es bereits bei Annäherung an die Leitung zu einem Stromübertritt kommen**. Das ist dann genauso, wie wenn die Leitung berührt wird.

Immer erst arbeiten, wenn geprüft wurde, dass kein Strom mehr fließt.

Bei der Arbeit nahe elektrischer Leitungen ist deshalb neben dem Abstellbereich der Maschine auch ihr gesamter Arbeitsbereich zu beachten. Außerdem

Bei Stromübertritt stünde nicht nur die Maschine unter Strom, sondern auch der Boden.

muss eine zusätzliche Karenz für unvorhergesehene Ereignisse wie Wind oder Pendeln einkalkuliert werden.

Strom ist auch deshalb so gefährlich, weil man ihn nicht sieht. Fließt er durch den Körper, besteht **Lebensgefahr**.

Steht eine **Person unter Strom**, darf eine andere sie keinesfalls mit bloßen Händen berühren (z. B. um die Person von der Stromquelle zu lösen und Erste Hilfe zu leisten). Sie gerät dann unweigerlich auch unter Strom.

Steht ein **Fahrzeug unter Strom**, darf es ebenfalls nicht berührt werden, bis die Stromquelle abgeschaltet ist.

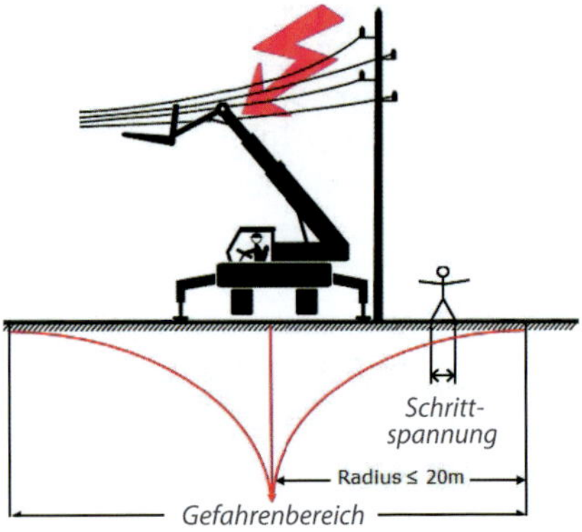

Spannungstrichter im Boden bei Stromübertritt

Befindet sich der Fahrzeugführer in seiner Kabine, sollte er das **Fahrzeug nicht verlassen**, solange es unter Strom steht, denn um das Fahrzeug bildet sich ein **Spannungstrichter**, d. h. der Boden steht ebenfalls unter Strom. Innerhalb der Fahrerkabine ist er geschützt, da der Strom sich den Weg des geringsten Widerstandes sucht, nämlich die „Außenhaut" der Maschine (Prinzip des Faradayschen Käfigs).

Ausnahme:
Die Maschine beginnt zu brennen. Hier muss – wenn keine andere Rettung möglich ist – abgesprungen werden. Beim Abspringen (nur ausnahmsweise) mit den Füßen möglichst eng beieinander landen und sich dann in kleinen Schritten vom Fahrzeug entfernen, denn je weiter die Füße auseinander sind, desto eher fließt der Strom über das Herz (Schrittspannung).

Arbeiten in der Nähe von Sendeanlagen

Eine Sendeanlage arbeitet mit elektromagnetischer Strahlung. Befindet sie sich in der Nähe eines Teleskopmaschineneinsatzes, ist mit **starken elektromagnetischen Feldern** zu rechnen.

Die Strahlung ist je nach Sendeanlage unterschiedlich, was vom Antennentyp und der Sendeleistung der Antenne abhängt. **Je stärker die Leistung, desto höher die Strahlung.** Deshalb sind auch unterschiedliche **Sicherheitsabstände** zu diesen Anlagen einzuhalten. So betragen die Abstände bei Mobilfunkbasisstationen in der Waagerechten zwischen 2 m und 8 m, bei Rundfunk- und TV-Sendern mit viel höherer Leistung **bis zu mehreren 100 m.**

Mobilfunksendeanlage auf einem Wohnhaus

Elektromagnetische Felder können für Menschen gefährlich sein. Sie können **Gefahren** (direkt oder indirekt) verursachen durch

- Funken- und Lichtbogenbildung,
- Verbrennungsgefahr an Gegenständen,
- Entzündungsgefahr,
- Erwärmung von menschlichen Organen, Herzschrittmachern, Prothesen etc.

Freistehende Sendeanlage

So sind bei diesen Sondereinsätzen **erhöhte Arbeitsschutzmaßnahmen** vonnöten, wie z. B.

- Personen, die an der Maschine arbeiten, müssen Kunststoffhandschuhe ohne Metallverbindungen tragen.
- Ein Arbeiten mit nacktem Oberkörper ist wegen erhöhter Verbrennungsgefahr zu untersagen (ebenfalls kurze Hosen).
- Metallschmuck kann am Körper durch Erwärmung zu Entzündungen oder Verbrennungen führen und ist deshalb zu entfernen.
- Auch metallisches Werkzeug kann sich in elektromagnetischen Bereichen erwärmen, ebenfalls größere Teile des Fahrzeugs. Stellen Sie Erwärmungen an metallischen Arbeitsmitteln fest, reagieren Sie nicht panisch – legen Sie sie weg und lassen Sie sie abkühlen.

Besonders beim Einsatz in der Nähe von **Hochfrequenzsendeanlagen:**

- Die Arbeiten vor dem eigentlichen Einsatz genau planen lassen (durch den Vorgesetzten – mit besonderer Gefährdungsbeurteilung, Hersteller der Teleskopmaschine kontaktieren, da die elektromagnetischen Felder Einfluss auf Fahrzeug / Elektrik haben können).
- Genau nach Betriebsanleitung und ggf. Betriebsanweisung arbeiten!

Einsatz unter extremen Temperaturen

Bestimmungsgemäß sehen die Hersteller in der Regel einen Einsatz **von – 20 °C** Mindesttemperatur **bis + 40 °C** Höchsttemperatur vor. Für Einsatzbereiche mit Temperaturen darüber (oder darunter) gibt es Sonderausstattungen – eine Rücksprache mit dem Hersteller / Händler ist hier sinnvoll.

Soll Personal in extremen Temperaturen eingesetzt werden, muss der Unternehmer dafür eine spezielle Gefährdungsbeurteilung durchführen. Diese sollte ergeben, dass zusätzliche PSA (Kälte- bzw. Hitzeschutzausrüstung) nötig ist.

Es ist grundsätzlich sinnvoll, im oder am Fahrzeug einen **Feuerlöscher** zu installieren, denn dann hat man ihn im Notfall griffbereit.

Auch eine Verkürzung des jährlichen Prüfintervalls ist unter Umständen nötig (→ Seite 97 f.).

Einsatz in geschlossenen Räumen

Geräte mit elektrischem Antrieb können unbedenklich auch in geschlossenen Räumen eingesetzt werden. Teleskopmaschinen mit Verbrennungsmotor sind allerdings zum Einsatz im Freien gebaut.

Für den Einsatz von Verbrennungsmotoren in (teilweise) geschlossenen Räumen sind besondere Vorgaben zu beachten, z. B.:

- Einsatz von Maschinen mit ausreichender Abgasnachbehandlung
- Einhaltung von Abgaswerten, Abgasmessung
- Ausreichende Belüftung / Absaugeinrichtungen

Werden Fahrzeuge mit Verbrennungsmotor in (teilweise) geschlossenen Räumen eingesetzt, besteht bei nicht ausreichender Lüftung **Vergiftungsgefahr** durch Kohlenmonoxyd.

Dies gilt auch für den Einsatz **unter Tage**.

Bei Einfahrt oder Ausfahrt in oder aus geschlossenen Räumen müssen Sie auch die unterschiedlichen **Lichtverhältnisse** berücksichtigen; wenn nötig die Fahrt verlangsamen oder sogar anhalten, bis sich die Augen dem Licht angepasst haben – sonst fahren Sie blind und das ist extrem gefährlich.

Mit entsprechender Ausstattung können Teleskopmaschinen auch an die Steckdose angeschlossen und so in geschlossenen Räumen betrieben werden.

Beispiel:
Fahren Sie 10 km/h, so sind dies 2,8 m/sec. Können Sie nur 2 Sekunden nichts sehen, fahren Sie fast 6 Meter!

Vorsicht! Unterschiedliche Lichtverhältnisse!

Abschleppen und Transport der Maschine

Beim **Abschleppen** der Maschine gilt:

- Es ist ein **geeignetes Bergungsfahrzeug mit ausreichender Zugkraft** einzusetzen.
- Das abzuschleppende Fahrzeug **vorbereiten:**
    - Es darf keine Ladung auf dem Fahrzeug verbleiben.
    - Oberwagen mechanisch gegen Drehung sperren.
    - Räder gerade stellen.
    - Vorderradlenkung auswählen.
    - Gangschaltung und Fahrtrichtungswähler auf „Neutral" stellen.
- Ausschließlich vorhandene **Kupplungspunkte** verwenden (z. B. vorne, hinten oder am Zughaken).
- Vor dem Abschleppvorgang die **Feststellbremse lösen**.
- Nur mit geringer Geschwindigkeit (nicht schneller als 10 km/h) abschleppen.

Sollte ein Abschleppen nicht möglich sein, z. B. wenn der Leerlauf nicht eingelegt oder die Feststellbremse nicht gelöst werden kann, das Fahrzeug nicht schleppen – es drohen sonst Schäden am Fahrantrieb. Es sind die Herstellerangaben zu beachten (Betriebsanleitung) und die Maschine ggf. mit einem Kran zu heben und abzutransportieren.

Heben einer Teleskopmaschine an vorgesehenen Anschlagpunkten mit Fahrzeugkran

Beim **Transportvorgang** ist zu beachten:

- Für das Heben des Fahrzeuges muss **ausreichend dimensioniertes Gerät** verwendet werden (Kran und Anschlagmittel mit ausreichender Tragfähigkeit).
- Der Ladevorgang darf nur auf ausreichend **tragfähigem Untergrund** (feste und ebene Oberfläche) erfolgen, ggf. Unterlegplatten verwenden.
- Vor dem Anheben der Maschine sind **Anbau- und Zubehörteile zu entfernen.** Diese sind gesondert zu transportieren.
- Zum **Heben** der Maschine sieht der Hersteller spezielle **Anschlagpunkte** vor, die mit einem Kranhaken gekennzeichnet sind. Keinesfalls andere Punkte verwenden!
- Für den (Weiter-)Transport der Maschine muss ein **geeignetes Beförderungsmittel** zur Verfügung stehen, z. B. Schiff, Waggon oder Tieflader, sonst darf die Maschine nicht befördert werden.
- Wird die Maschine transportiert (z. B. auf einem Tieflader), gilt sie als Last und ist ausreichend zu **sichern**.

Bei der Ladungssicherung ist der Absender / Verlader sowie der Fahrer des Transportes / Frachtführer gleichermaßen in der Verantwortung.

Zum **Sichern / Befestigen der Maschine** auf dem Fahrzeug die vom Hersteller dafür vorgegebenen **Zurrpunkte** verwenden. Vorher prüfen, ob der Oberwagen blockiert ist. Der Teleskoparm ist vollständig einzufahren.

Wenn der Teleskopmaschinenfahrer selbst die Ladungssicherung vornehmen soll, muss er zuvor speziell dafür qualifiziert worden sein, sonst darf er dies nicht.

Vom Hersteller vorgegebener Zurrpunkt. Hier darf nicht zum Heben angeschlagen werden.

Wer einen solchen Ausweis hat, darf Ladungssicherungsarbeiten durchführen.

Bestell-Nr. FA19

Fachausweis Ladungssicherung

Reg.-Nr. ______________________

(für interne Zwecke, z. B. Personal-, Lehrgangsnummer o. Ä.)

Arbeitsaufträge sind von jedem Unternehmen neu zu erteilen.
Für weitere Aufträge o. dgl. ist ein Ergänzungsblatt erhältlich.
**** Nichtzutreffendes in den jeweiligen Rubriken streichen.***

Ausgabe 2024
© 2009, Resch-Verlag, Dr. Ingo Resch GmbH,
Maria-Eich-Straße 77, D-82166 Gräfelfing,
Telefon: 089 85465-0, www.resch-verlag.com

Alle Rechte vorbehalten.
Nachdruck – auch auszugsweise – nicht gestattet.

Instandhaltung und regelmäßige Prüfung

Instandhaltung

Unter Instandhaltung versteht man die Gesamtheit aller Maßnahmen zur Erhaltung des sicheren Zustandes von Arbeitsmitteln oder der Rückführung in diesen.

Sie umfasst insbesondere

1. **Wartung:** Sie dient dem Erhalt des (Neu-) Zustandes bei gleichzeitiger Verzögerung von Verschleiß (z. B. durch Zuführen von Öl).
2. **Inspektion:** Kontrolle des Fahrzeuges. Wenn diese ergibt, dass etwas defekt oder abgenutzt ist, folgt daraufhin die
3. **Instandsetzung:** Hierbei wird das defekte oder abgenutzte Teil ausgetauscht /repariert (z. B. Bremsbeläge). Wird ein Teil gegen ein besseres ausgetauscht, sprechen wir von einer Sonderform der Instandsetzung, der
4. **Verbesserung.**

Zur Wartung können wir auch die **Pflege** zählen. Ungepflegte Maschinen bergen zusätzliche Gefahren, z. B.:

- schlechte Sicht wegen dreckiger Scheiben
- Ausrutschen wegen verdrecktem Boden/ Auftrittsstufen
- falsches Ablesen der Traglast wegen unleserlichem Diagramm

Bei Instandhaltungsarbeiten ist zusätzliche PSA nötig: Hier Schutzbrille und Spezialhandschuhe gegen austretende Flüssigkeiten wie Batteriesäure, Kraftstoff und Öle.

Gepflegte Maschinen halten zudem länger, weil sie langsamer verschleißen. Auch Mängel wie Risse oder andere Beschädigungen können besser gesehen und damit schneller beseitigt werden.

Pflegearbeiten (z. B. Sauberhalten der Fahrerkabine, Reinigung der Scheiben) sollten deshalb neben speziell dafür zuständigem Personal auch Sache des Gerätebedieners sein.

Mit Instandhaltungsarbeiten dürfen nur Personen betraut werden, die

1. die nötige **Fachkunde** dazu besitzen und
2. ausdrücklich vom Verantwortlichen dazu **beauftragt** sind.

Nicht jeder Fahrer darf diese Arbeiten also automatisch ausführen. Ausnahme hiervon sind Pflege- und Reinigungsarbeiten, wenn der Fahrer darin unterwiesen wurde.

Instandhaltungsarbeiten sollten **dokumentiert** werden, damit die Sicherheit der Maschine lückenlos belegt werden kann.

Stellen Sie als Fahrer Mängel / Schäden an einer Maschine fest, müssen Sie diese melden – dazu sind Sie verpflichtet. Mangelhafte / defekte Geräte sollten nicht mehr benutzt werden und vom Verantwortlichen aus dem Verkehr gezogen werden.

Regelmäßige Prüfung

Zur Erkennung und Vermeidung von Schäden dient eine umfangreiche regelmäßige Prüfung (auch wiederkehrende oder jährliche Prüfung genannt) der Teleskopmaschine sowie der Anbaugeräte. Diese darf nur durch spezielle **zur Prüfung befähigte Personen / Sachkundige** durchgeführt werden. Das setzt voraus:

- abgeschlossene Berufsausbildung,
- Erfahrung im Umgang mit der Maschine,
- regelmäßige Prüftätigkeit.

Gibt der Hersteller (in seiner Betriebsanleitung) oder der Unternehmer (in seiner Gefährdungsbeurteilung) nichts anderes vor, gilt für diese Maschinen mindestens eine **Prüffrist von 12 Monaten**. Dies hat sich bewährt und ist so auch rechtlich vorgesehen (DGUV V 68 § 37). Ein kürzeres Prüfungsintervall kann sich ergeben bei Einsatz in einem 2- oder 3-Schichtbetrieb oder in Spezialbereichen, z.B. Gießereien. Wird eine drehbare Teleskopmaschine im Kranbetrieb eingesetzt, ist sie alle vier Jahre und ab dem 13. Jahr jährlich durch einen Sachverständigen zu prüfen (DGUV I 208-059 9.2.2). Diese Prüfung ersetzt dann in dem Jahr die des Sachkundigen.

Diese Prüfungen sind ebenfalls zu dokumentieren und vom Prüfer mit Prüfdatum und Unterschrift zu versehen.

Aufzeichnungen können auch in elektronischer Form erfolgen und sind mindestens bis zum nächsten Prüftermin aufzubewahren. Da Teleskopmaschinen jedoch häufig an verschiedenen Orten zum Einsatz kommen, ist am jeweiligen Einsatzort ein Nachweis über die letzte Prüfung bereitzuhalten (BetrSichV § 14 Abs. 7).

Sammelt man die Prüfprotokolle über die Jahre oder trägt sie in ein Betriebs-Kontrollbuch ein, kann man so die lückenlose Mangelfreiheit des Fahrzeuges dokumentieren.

Hinweis:
Eine Plakette kann auch dann am Fahrzeug sein, wenn Mängel vorhanden sind. Deshalb ist der Prüfbericht ausschlaggebend.

Eine **Plakette** sollte erst dann geklebt werden, wenn die Maschine keine sicherheitsrelevanten Mängel mehr verzeichnet. Auf dieser Plakette steht der nächste Prüftermin.

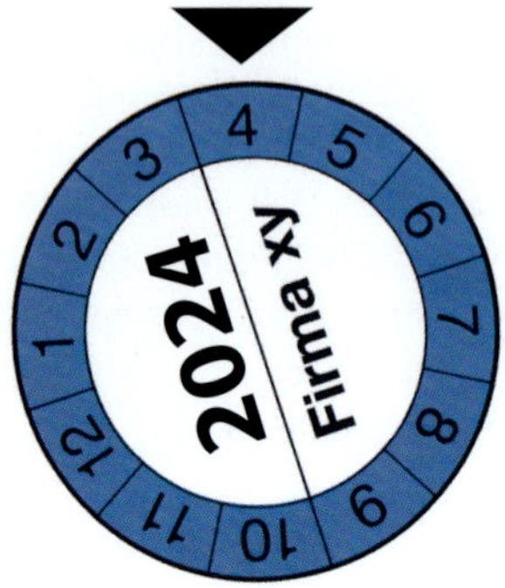

Die regelmäßige Prüfung ersetzt nicht Ihre tägliche Prüfpflicht (→ Seite 43).

Auch Lastaufnahmeeinrichtungen wie Anschlagmittel oder Anbaugeräte unterliegen der regelmäßigen (jährlichen) Prüfpflicht durch eine befähigte Person / einen Sachkundigen.

Vergewissern Sie sich als Fahrer, ob „Ihr" Fahrzeug regelmäßig geprüft wurde und wann die nächste Prüfung ansteht. Ist das Prüfintervall bereits überschritten, melden Sie das Ihrem Vorgesetzten, denn dann sollte umgehend eine Prüfung vorgenommen werden.

Ein paar Worte zum Schluss

Sie sehen – Teleskopmaschinen und ihre Anbaugeräte sowie Einsatzbereiche sind komplex. Es erfordert viel Wissen und Verantwortung, mit diesen Geräten umzugehen. Nur ein geschulter Bediener kann diese Maschinen meistern und darf sie – nach ausdrücklicher Beauftragung – auch steuern. In den Händen unqualifizierter und ungeeigneter Personen sind sie äußerst gefährlich. Ein Unfall ist dann vorprogrammiert.

Deshalb:

Handeln Sie als Fahrer immer getreu der Betriebsanleitung und -anweisung.

Beachten Sie die Vorschriften. Sie sind keine lästige Pflicht und nicht zu Ihrer Schikane gemacht worden, sondern dienen der Sicherheit – auch Ihrer.

Fragen Sie im Zweifel lieber Ihren Vorgesetzten, bevor Sie arbeiten und ein Fehler / Unfall passiert.

Bedenken Sie immer: Auch Sie sind ein wesentlicher Bestandteil der Arbeitssicherheit. Nur wenn Sie sicher arbeiten, sind auch die anderen sicher!

In dem Sinne:

Gute Fahrt!

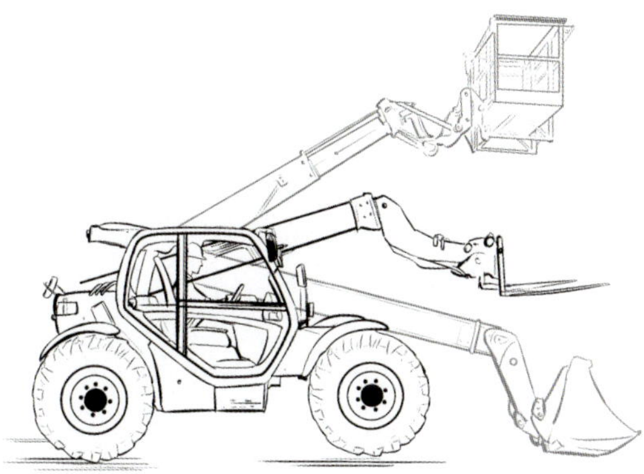

Wichtige Vorschriften und Regeln

Arbeitsschutzgesetz (ArbSchG)

Betriebssicherheitsverordnung (BetrSichV)

DGUV Vorschrift 1
Grundsätze der Prävention

DGUV Vorschrift 52
Krane

DGUV Vorschrift 68
Flurförderzeuge

DGUV Regel 109-017
Betreiben von Lastaufnahmemitteln und Anschlagmitteln im Hebezeugbetrieb

DGUV Regel 100-500 Kapitel 2.10
Betreiben von Hebebühnen (Hubarbeitsbühnen)

DGUV Regel 100-500 Kapitel 2.12
Betreiben von Erdbaumaschinen

DGUV Regel 112-198
Benutzung von PSA gegen Absturz

DGUV Grundsatz 308-009
Qualifizierung und Beauftragung der Fahrerinnen und Fahrer von geländegängigen Teleskopstaplern

DGUV Information 208-059
Sicherer Umgang mit Teleskopstaplern

TRBS 1116
Qualifikation, Unterweisung und Beauftragung von Beschäftigten für die sichere Verwendung von Arbeitsmitteln

TRBS 2111
Mechanische Gefährdungen - Maßnahmen zum Schutz vor Gefährdungen beim Verwenden von mobilen Arbeitsmitteln

Übungsfragen zur Prüfungsvorbereitung

Als Teleskopmaschinenfahrer müssen Sie eine Prüfung in Theorie und Praxis bestanden haben. Zur Prüfungsvorbereitung haben wir Ihnen nachfolgend einige Übungsfragen zusammengestellt. **Kreuzen Sie die Antworten an, die Sie für korrekt halten. Je Frage ist nur eine Antwort richtig.**

Ob Sie die Prüfung bestanden hätten, erfahren Sie auf Seite 104.

Bitte „schummeln" Sie nicht, indem Sie bei der Beantwortung der Fragen schon in die Lösungen schauen. Damit schaden Sie nur sich selbst und täuschen eine trügerische Sicherheit vor, den Stoff zu beherrschen. Führen Sie erst den gesamten Test durch und schauen Sie dann in die Lösungen.

Wir wünschen Ihnen viel Erfolg beim Übungstest!

1. **Ist eine Qualifizierung mit Prüfung nötig, um eine Teleskopmaschine bedienen zu dürfen?**

   A Nein, eine kurze Einweisung reicht aus.
   B Nein, eine ausführliche Ausbildung ist nötig, aber keine Prüfung.
   C Ja, die Ausbildung ist mit einer theoretischen und praktischen Prüfung abzuschließen.

2. **Welche physikalische Kraft wirkt nach außen, wenn Sie zu schnell in die Kurve gehen?**

   A Die Trägheitskraft.
   B Die Fliehkraft.
   C Die Reibungskraft.

3. **Darf jeder qualifizierte Bediener eine Teleskopmaschine fahren?**

   A Ja, denn er hat die Befähigung dazu.
   B Nein, er muss vom Verantwortlichen zumindest einen mündlichen Auftrag zum Fahren erhalten haben.
   C Nein, er benötigt einen schriftlichen Fahrauftrag.

4. Was ist der Unterschied zwischen einer Betriebsanleitung und einer Betriebsanweisung?

A Die Betriebsanleitung erlässt der Hersteller, die Betriebsanweisung der Unternehmer, in dessen Verantwortung die Teleskopmaschine bedient wird.

B Die Betriebsanweisung erlässt der Hersteller, die Betriebsanleitung der Unternehmer, in dessen Verantwortung die Teleskopmaschine bedient wird.

C Es gibt keinen Unterschied.

D Die Betriebsanleitung macht der Hersteller, die Betriebsanweisung die Berufsgenossenschaft.

5. Was versteht man unter bestimmungsgemäßer Verwendung einer Teleskopmaschine?

A Alles, was der Unternehmer in seinem Fahrauftrag vorgibt.

B Alles, was der Fahrer mit der Maschine machen kann.

C Alles, was der Hersteller in seiner Betriebsanleitung vorsieht.

6. Was bedeutet dieses Zeichen CE?

A Dass die Maschine regelmäßig gewartet wurde.

B Dass das Fahrzeug TÜV-geprüft ist.

C Der Hersteller sagt damit aus, dass er das Fahrzeug nach den dafür geltenden Vorgaben gebaut hat.

7. Welche Kräfteverhältnisse sollten für eine Teleskopmaschine gelten?

A Dass die Maschine immer mehr wiegt, als die Last.

B Dass die Maschine und die Last möglichst immer gleich viel wiegen.

C Dass die Last schwerer sein muss als die Maschine.

8. Welche Aussage ist richtig?

A Je länger der Lastarm, desto sicherer ist der Lastentransport.

B Je kürzer der Lastarm, desto sicherer ist der Lastentransport.

C Der Lastarm spielt bei der Sicherheit keine Rolle.

9. Muss auch ein Anbaugerät täglich geprüft werden (Sicht- / Funktionskontrolle)?

A Ja, immer.

B Nein, wenn es regelmäßig (z. B. jährlich) geprüft wird, genügt das.

C Ja, aber nicht vom Fahrzeugbediener.

10. Wie ist eine Last zu transportieren?

- **A** Bodennah. So tief wie möglich und nur so hoch wie nötig.
- **B** Je höher der Schwerpunkt der Last, desto sicherer ist es.
- **C** Die Höhe der Last spielt keine Rolle, denn die Maschine ist immer gleich sicher.

11. Was versteht man unter einem mittigen Lastentransport?

- **A** Wenn die Last rechts und links gleichmäßig herausragt.
- **B** Wenn die Last am Gabelrücken / Anbaurahmen anliegt.
- **C** Wenn der Schwerpunkt der Last auf der Längsachsmitte des Fahrzeuges liegt.

12. Welche Sicherheitsabstände sind zu Böschungen, Grubenrändern etc. mindestens einzuhalten?

- **A** 1 m bei Fahrzeugen ≤ 12 t; 2 m bei Fahrzeugen > 12 t.
- **B** Bei allen Fahrzeugen 1 m.
- **C** Ein Abstand ist nicht erforderlich.

13. Was versteht man unter dem Lastschwerpunktabstand?

- **A** Der Abstand von der Vorderachse bis zum Schwerpunkt der Last.
- **B** Der Abstand vom Gabelrücken / Anbaurahmen bis zum Schwerpunkt der Last.
- **C** Die Höhe des Lastschwerpunktes über dem Boden.

14. Wann ist die Arbeit mit einer Teleskopmaschine in großen Höhen einzustellen (wenn nicht der Hersteller etwas anderes vorgibt)?

- **A** Ab Windböen der Stärke 6.
- **B** Ab dauerhaftem Wind der Windstärke 6.
- **C** Ab Windböen der Stärke 7.

15. Muss beim Arbeiten mit einer Teleskopmaschine in einer Arbeitsbühne PSA gegen Absturz getragen werden?

- **A** Nein, PSA ist immer Sache des Gerätebedieners, das kann er selbst entscheiden.
- **B** Nein, generell nicht, dafür hat jede Arbeitsbühne eine Umwehrung / Gitter.
- **C** Ja, wenn der Hersteller dies vorsieht (Betriebsanleitung) oder wenn der Unternehmer dies anordnet (Betriebsanweisung).

Lösungen und Auswertung

Sicherlich sind Sie schon gespannt, wie Sie bei der theoretischen Prüfung abgeschnitten hätten. Hier sind die Lösungen:

1: C **2:** B **3:** C **4:** A **5:** C **6:** C **7:** A **8:** B

9: A **10:** A **11:** C **12:** A **13:** B **14:** A **15:** C

Wie viele der 15 Fragen haben Sie richtig beantwortet?

0 - 3 richtige Fragen:	Leider wären Sie durchgefallen. Lernen Sie noch motivierter weiter, um sicherer zu werden. Sprechen Sie Ihren Ausbilder an, wenn Sie Fragen haben und lernen Sie mit dieser Broschüre weiter. Nur Mut, Sie schaffen es.
4 - 8 richtige Fragen:	Leider wären Sie noch durchgefallen. Lassen Sie sich nicht entmutigen, Sie sind auf dem richtigen Weg. Lernen Sie weiter, es dient auch Ihrer eigenen Sicherheit.
9 - 12 richtige Fragen:	Sie hätten bestanden. Sie haben jedoch noch einige Fehler gemacht. Lesen Sie in der Broschüre die Kapitel nach, die die Fehler betreffen, die Sie noch gemacht haben, und lassen Sie sich ggf. von Ihrem Ausbilder weiter dabei helfen.
13 - 14 richtige Fragen:	Sie hätten bestanden. Sie haben es schon richtig gut gemacht.
15 richtige Fragen: ✔	Sie hätten mit voller Punktzahl bestanden. Das entspricht dem Wissen eines Profis. Doch seien Sie sich beim Einsatz nie zu sicher, stets zahlen sich auch Vorsicht und Umsicht aus.

Bildnachweis:

ASR A1.3 „Sicherheits- und Gesundheitsschutzkennzeichnung" Gebotszeichen: Seite 41 unten
Eckert-Design, München: Cover + Zeichnungen auf den Seiten 5, 99
Resch-Verlag: Seiten 18, 21, 22, 24 (Ausweis), 25, 27 rechts, 43, 72 unten, 81 unten, 95 rechts, 98 links

Der Verlag dankt folgenden Firmen / Personen für die freundliche Bereitstellung von Fotos / Abbildungen (in alphabetischer Reihenfolge):
AUSA Center S.L.U., E-08243 Manresa: Seiten 26, 31, 32, 46 oben links, 47 oben, 60 links, 80 unten
Haulotte Hubarbeitsbühnen GmbH, D-79427 Eschbach: Seiten 2, 10 oben, 34 oben, 67 unten
Liebherr-International Deutschland GmbH, D-88400 Biberach: Seiten 29, 62
Manitou Deutschland GmbH, D-61381 Friedrichsdorf: Seiten 8, 13 oben, 17 oben, 35, 47 unten, 49, 50 oben, 51, 53 oben, 55, 56 oben, 58, 60 rechts, 63 oben rechts, 68 unten, 69, 73 oben, 74, 83, 87 oben, 89, 90 oben, 93 oben
Resch, Dr. Ingo: Seite 77 rechts
SENNEBOGEN Maschinenfabrik GmbH, D-94315 Straubing: Seiten 24 links, 40, 45, 48 oben rechts
Still GmbH, D-22113 Hamburg: Seite 6 oben
Terex Germany GmbH & Co. KG (Genie), D-28199 Bremen: Seiten 6 unten, 7 rechts, 30 unten, 34 unten, 41 oben, 42 oben, 46 oben rechts + unten, 48 unten, 50 unten, 63 oben links, 64 oben, 70, 78, 79 links, 96
Wacker Neuson SE: Seiten 14 unten, 19, 20, 63 unten, 93 unten

Die Autoren danken in gleicher Weise:
BG RCI: Seite 71
Merlo Deutschland GmbH, D-28197 Bremen: Seiten 10 unten, 11, 12 oben, 13 unten, 14 oben, 15, 16, 17 unten, 38, 48 oben links, 52 oben, 56 unten, 57, 59, 61, 64 unten, 73 unten, 75, 76, 77 links, 84, 85 unten, 87 unten
Riga Mainz GmbH & Co. KG, D-55120 Mainz: Seiten 7 links, 65, 72 oben, 94

Alle weiteren Fotos / Abbildungen von den Verfassern.